森を使い、森を守る

タイの森林保護政策と人々の暮らし

藤田 渡 著

京都大学学術出版会

はじめに

老人が、黙々と土を起こし、田圃の畦を整えている。ちょうど収穫が終わったばかりの水田の周りの叢林を伐開して、新たに田を拡張するのだ。この老人、齢七〇を過ぎ、右足が不自由で引き摺るような歩様だが、毎日毎日、朝から日暮れまで、ほかの誰よりよく働く。この働きものの老人がこうして開いてきた多くの水田のおかげで、彼の子供たちは村の中で比較的、余裕のある暮らしができている。

現在、村で、このようにあからさまに水田を拡張することができるのはこの老人だけだ。彼は呆けているのである。「役人も、呆けたじいさんのすることを、見咎めたりはしないだろう」彼の娘婿は、にんまり笑ってそう言った。

本来、村人はみな、この老人のように田を開いて暮らしを立ててきた。彼は呆けているにもかかわらず、あるいはそうだからこそ、当たり前のことを当たり前のこととして、ごく普通に、淡々と働いているのだ。ところが、外側で突然、この当たり前のことが、当たり前でなくなった。それからもう一〇年以上が経つ。それを知らない老人ただ一人が、黙々と畦を整えている。

一九九一年に、パーテム国立公園が設置された。タイ東北部、ウボンラチャタニ県の東端に位置する。ここは、古代人の壁画や奇岩で有名な観光地となっている。壁画のあたりは道路やビジターセンターなども整備され、大型観光バスで団体客も訪れる。このあたりの地形は岩盤が盛り上がったようにしてできた岩山が特徴だ。公園の西側、水田が広がる平地から緩やかにせりあがり、山の頂上付近では平たく岩盤がむき出しになっている。その先は、東側を流れるメコン川に向かって、断崖絶壁となる。壁画はこの断崖絶壁に描かれていて、すぐ上の車止めから岩場に沿って細い歩道が通じている。ここでの絶景は壁画よりもむしろ反対側、眼下に広がるメコンの流れである。鈍い輝きを伴った濁流は、落ち着きはらって盤石のようであるが、その流れは意外に速い。メコン川の向こう、ラオス側には、視界の限りうっそうとした森林が続いている。手前のタイ側には、川に沿って小さな集落があり、ささやかな水田が広がっている。

しかし、この壁画があり観光の中心となっているのは、国立公園全体から見れば南のはずれで、北側には、「ドンナーターム の森」と呼ばれるもっと大きな森林が国立公園の中核となっている。ドンナータームの森は、過去、その一部で商業伐採の手が入っているものの、ほとんど耕作されたことがなく、ほぼ原生林に近い状態の森林が残されているという。国立公園の境界線は、このドンナータームの森を中心に、その周辺の比較的森林がよく残る山地を含んだ形で引かれている。村落は、多くは、国立公園の西側に広がる丘陵地帯か、メコン沿いのわずかな平地に点在している。山近くにある村では境界ぎりぎりという場合もあるが、ほとんどの村はすれすれのところでかわすように国立公園の境界線が引かれている。ただ、どうしてもかわしきれない、ど真ん中にある村だけは、国立公園の中に囲い込まれてしまった。それがこの村である。

この村の人々は、長らく、比較的「昔ながら」の暮らしを送ってきた。つまり、基本的には、生きるに足るだけのものを耕し、あるいは、森や川から獲ていた。太古の昔より変わらない状態で森林やそのほかの自然環境が残されているわけではないだろうが、少なくとも、そうした暮らしぶりだったから、今ある森林が

「残された」のだ。ところか、法律上は、国立公園の中では、人が住んだり、耕したりしてはいけないことになっている。村人たちは、森を残したがゆえに、国立公園の中に囲い込まれ、耕作することも、住むことも、違法とされてしまったのだ。なんとも皮肉な結果である。

ただ、実際には、国立公園に指定されたからといって、法律どおりに、村人たちが強制的に立ち退かされるということはなかった。国立公園が設置されてから、監視員も常駐するようになり、時にはヘリコプターによる上空からの見回りも行われるようになった。もう、新たな水田を開くことは、少なくともおおっぴらにはできない。道路や電気といったインフラも整備されないままだ。ただ、「現状維持」——すでにあった水田を耕し、それまでどおりの暮らしを続けること——は許されている。明らかに法律には反することながら、現実問題として、そうすることが必要だから、という理由で、現場の裁量に任されているのである。

こうした事態が放置されているというのは、いかにも奇異に映るかもしれない。あからさまに法律に反する裁量的措置が許されると、法の権威が落ちるのではないか。裁量的措置というのはあくまで担当の役人の裁量によるものだから、転勤などで人が変われば対応も変わるというなんとも不安定なやり方ではないか。本当にそういう措置が必要なら、そのように法律を改正すればよいではないか。

確かにその通りだ。現実に、村人たちは、毎日の当たり前の生活を送ることすら法的には何ら保障されない、不安定な立場に置かれている。

この村が経験したことには二つの問いに対する重要なヒントが隠されている。一つは自然保護をどのようにすればよいか、もう一つはタイという社会がどのような仕組みで動いているのかである。ごく素朴に考えても、実際に自然保護をうまくやるためには、その土地ごとの社会のありようを理解しておかねばならないだろう。そう考えれば、この二つの問いは、一つに収斂していく。

自然保護をどのようにすればよいか。普通、私たちが自然保護と聞いて思い浮かべるのは、ジャングルの中に野生動物がいてレンジャーたちが密猟者とたたかいながら懸命に自然を守る光景だろう。あるいは、絶滅危惧種をどうにかして増やそうとする保護センターの一幕かもしれない。いずれにせよ、これまでの自然保護は、原則として人間から隔離をして手つかずの自然を守るというものだった。せいぜい、自然に悪影響を与えない範囲で観光や教育・研究目的での利用だけが許されるという程度だった。世界各国の現在の国立公園や自然保護区のほとんどは現在でも、厳格さの差こそあれ、人間と隔離して自然を囲い込むものである。

国立公園の発祥の地、アメリカでは、一九世紀に自然保護運動が起こり、その結果、二〇世紀初めに国立公園が制度化された［マコーミック 1995］[1]。このときの自然保護運動は、自然に対するロマンティシズムであり、近代文明に身を置く人々が自己の対岸にあるものとしての「原生自然」を、精神的なよりどころとして保存しようという発想だった[2]。この自然と人間を対置するという姿勢は現在の自然保護に至るまで基本的に一貫しているといってよいだろう[3]。自然を人間から隔離するという意味では、いわゆるディープ・エコロジーが最も極端な議論であろう。ディープ・エコロジーは、環境問題を引き起こした現代の人間の精神性そのものを問題視し、自然と人間の一体性を強調し近代文明を批判する。その点では、自然保護の主流とは一線を画する。しかし、あらゆる生物、生命の平等を主張し、人間中心主義的な視点を全く否定し、生き物それ自体の「権利」を主張するのである。こうなるとあまりに観念論すぎてリアリティに欠けると言わざるを得ない。彼らが批判する近代文明がいまだ及ばぬ生活を営む人々――ディープ・エコロジストにとっては賞賛すべき人々――が生き物の「権利」を真剣に考えることなどありはしない。いくつかの集団では、自分たちに糧を与えくれる自然に感謝し、強欲を戒めるような教えがあるが、それも突き詰めれば自分たちが生存してゆくためである。ディープ・エコロジーの思想は、人間が素朴に生きる姿を直視せず、観念論としての自然と人間の調和を夢想した。そういう意味で、生身のありのままの人間と自然とを実は隔離してしまっているのである。

本書での私の立場は、きわめて人間中心主義である。自然が人間にとっての価値と関係なく、それ自体、存在意義があり、だから守らなければならないというのなら、自然に大きな負荷をかけている人類が絶滅してしまうことが他の多くの生物にとって最も好都合である。生き物にはそれぞれ人間と同様に「権利」があるというが、それぞれの生き物が何を望んでいるのか、各々の意思を確認することなどできない。生き物を擬人化して、その「権利」を実現してやろうという発想は、帝国主義者による植民地の原住民の「文明化」と通じるものがある。そのような自己満足のために、自然の近くに暮らす人々の暮らしが制約を受け、独自の文化がなくなることは理不尽である。人間にとってどのような自然環境をどんなやり方で保護することが有益なのか、我々が判断を下すことができるのはせいぜいその程度のことに過ぎない。

最近では、人間、特に自然の近くに暮らす人々のことを重視した保護のあり方についての議論も盛んに行なわれるようになってきている。自然保護の枠組みを修正しようという試みも見られる。いわゆるポリティカル・エコロジー論はその代表的なものであろう。ポリティカル・エコロジーとは、ある環境問題を、その直接的原因だけでなく、より広い政治経済的構図との関連で捉えようとするものである。森林破壊で典型的な議論は、農民が資本主義経済システムに取り込まれるなかで、もともと持っていた土地などの生活基盤を失った結果、新たな土地を求めて森林破壊に向かうというものである(4)。そうして残り少なくなった森林に対し、国家による保護が強化される。このように、ポリティカル・エコロジーでは、自然資源をめぐって地域住民と国家や大資本が対峙し奪い合いをするという構図をとる。そして、国家が資源を独占しているという不平等を是正し、地域住民に資源管理を移譲すべきだというのである[5]。

こうして地域住民の主体性や権利がクローズアップされるなか、地域共同体の能力を過信し理想化するような動きも見られる。例えば、タイの「共同体文化」学派は、村落共同体は、本来、自給自足、相互扶助などに支えられた、それだけで完結した社会空間であると考える。そのような、かつての伝統的共同体は、国家の介入や資本主義の影響で社会的・経済的な階層分化により分解し、相互扶助のようなかつての文化が失われつつある。これを元に戻す、つまり、国家や資本主義といった外部の影響を排除し、伝統的共同体を復興しなければならないという［チャティップ 1993］。村落共有林に代表される共有資源管理は、この共同体の一体性を回復する手段と位置づけられる［Prawese 1998］。しかし、このような閉鎖的で完結した村落共同体のモデルは実際のタイの農村の性格から乖離していると批判されている。このほか、アナン［Anan 1997 ; 1998 ; 2000］は、「共同体文化」のような閉鎖的なモデルは前提としないが、やはり、かつては自給的・自律的だった村落共同体が近代的法制度下で弱体化したといい、近代法制度化で森林や土地に対するコミューナルな権利を保障することでそれを回復することを主張する。しかし、彼らが主張するような共有資源を持続的に管理する能力が地域共同体に十分に備わっているのかどうか、確証できるほどの根拠は示されていないのが実情である[6]。

このような議論の展開と並行して、自然保護の現場でも、原生自然を囲い込むという従来のやり方を見直すような動きがでてきている。その背景には、制度の不備や汚職に加え、地域住民が資源利用を求める圧力に抗しきれなくなり厳格な保護が達成できないという現実があった。また、保護区域内だけ保護され、区域外では無頓着な土地利用がなされるというのでは生態系保全として不十分だという指摘もあった［Gilmour

1995 : 8–9]。こうした反省の上に、一九七〇年代には、保護の強弱に段階を持たせるような修正が検討され始めた。一九九四年の国際自然保護連合（ＩＵＣＮ）の保護区のガイドラインでは、保護の強度の濃淡に応じて六つのカテゴリーが設けられている［Stevens 1997 a : 17］。また、保護区の周辺地域、「バッファーゾーン」でもある程度、自然が維持されることも、保護区（＝「コアゾーン」）を人為の影響から守ったり、広域的な生態系保全を考える上で重要であることも認識されるようになってきた。このための法整備、土地への権利、開発プログラムのあり方についてもＩＵＣＮが提言を行なっている［Sayer 1991］。このほか、保護区内に暮らす先住民についても、その伝統文化を尊重するような試みも現れている［Stevens ed. 1997］。このように、少しづつではあるが、保護区のあり方も変わってきている。しかし、自然を何か人間と切り離したものと捉え、そこへの人為の影響をどのようにコントロールするかという基本的な発想は変わっていない。先住民の伝統文化は、それが自然に害がないから尊重しうる。先住民が伝統文化を捨て近代的な利便を求めたとき、どう対処するのか。どこにも明示されていない。

この、自然と人間を切り離して捉えている点は、地域住民の主体性や権利を訴えるポリティカル・エコロジーにも当てはまる。権利というのは本質的に社会的な主張である。現に存在するものとして人と自然の親和性、文化と自然の一体性を訴えることはあっても、それは資源に対する権利の根拠としてであって、人と自然の全体をどのようにデザインするかが最終的な帰結点ではない。あくまで社会のなかで資源に対する権利の分配を変更することが目標なのである。

こうしたこれまでのすべての議論は、煎じ詰めれば、自然を人間とは切り離した上で、その自然を人間たちがどのように切り分けるのか、誰がどこで何をしてよいのかを考えるものである。自然を俯瞰するような視角、「区切る論理」である。これは、ただひたすら、土を起こし田を開く老人の目線とは別種のものだ。自然のありようを凝視し、それに働きかける。自然は、豊かな秋の実りとしてそれにこたえてくれる。この限りにおいて、その土地が誰のものだということは考えの外にある。これは、自然とつながってゆこうという視角、「つながりの論理」とでもいうべきものである。老夫の娘婿が、「呆けたじいさんのすることを、役人も見とがめたりしないだろう」とにんまりしたように、森のなかで暮らす人たちにも、人々の間で土地の線引きをする「区切る論理」はある。しかし、それと同時に、普段の暮らしのなかでは、「つながりの論理」で自然に接しているのである。

本書で私が考えようとしているのは人間中心主義的な自然保護だといったが、それは、自然と人間を切り離して、そのうちの人間の側だけにスポットを当てるという意味ではない。自然を単に収奪の対象として物質的に人間の生活や生産活動のために利用するべき財とみなすわけではない。人間の暮らしや文化、社会は、村落レベルからより大きな単位での政治経済的枠組みに至るまで、自然環境と一体となってひとつの地域を形作っている。地球上には実に多様な自然環境があるにもかかわらず、世界のほとんどの地域で人間が暮らしている。そうした暮らしのなかの「つながりの論理」、人と自然をつなぐ糸が縦横無尽に張りめぐらされて、人々の知恵や工夫、世界観といった文化を育む。さらに、それを基盤にして、「区切る論理」を含んだ社会秩序があって、全体として地域の個性を形作っている。そういう前提での自然保護を考えるのである。つまり、自然保護イコール地域の保護であり、自然は有機的に人間の文化・社会と結びついたものとして守らなければならない。しかし、そういう地域というものも、突き詰めれば、所詮は人間中心のものの見方には違いがない。そういう意味で、人間中心主義的なのである。

人間の文化・社会と有機的に結びついてひとつの地域を形成している、そういう自然環境の保護のあり方について、本書では、冒頭の村を中心に、もう少し空間スケールを広げて、タイという地域を事例に考える。タイでは、どのような文化・社会が形成されてきたのか、それを森林を通して考えるのである。

タイは人口六〇〇〇万を有する国であり、社会も空間的広がりとして多様であるばかりではなく、重層的である。このうち、本書では、この村を中心に、関係する事物や人々を同心円的に描出してみようと思う。村には、いろいろな人がやってくる。我々のような「調査」を行うものの他に、森林管理を担当する役所の職員、村人の生活を支援する各種プロジェクトを実施するＮＧＯのスタッフ。彼ら、実際に村にやってくる人々の背後には、それぞれ、より大きな組織がある。例えば、役所であれば、バンコクで決められた法律なり政策なりが、段階的に地方に下ろされてくる。村にくる職員は、その末端ということもできる。ＮＧＯでも、ある程度、同じような構図になっている。権限や予算の関係は、役所ほど堅固に階層的ではないが、バンコクを中心にしたネットワークを介して情報交換を行ったり、海外の援助機関などから資金を得たりしている。こうした外部世界と村とのやりとりによって自然保護が動いている。そして、その中心には、村人の生活世界がある。田を耕し、山菜をつみ、魚や小動物を捕まえて暮らすという日常がある。

こういう重層的な社会秩序の軸になっていると考えられるのが、建前としての制度と現実の運用との柔軟な使い分けである。詳しくは後に述べるが、木材生産のために林地を囲い込んだ国家保全林であれ、自然保護のための国立公園であれ、現場の裁量で、法律上の規定に明らかに反するようなことが黙認されている。また、そういう現場の裁量的な扱いについて、バンコクの森林局本部も見て見ぬ振りをしてきた。従来の議論でいえば、このような事態は制度を作ったものの実施能力がないとか破綻しているということになる。

タイは一九六〇年代以降、急激な森林消失を経験した。森林管理のための制度、特に国家保全林制度が実質的にほとんど森林を保全する役割を果たし得なかったことがその一因であることは否定できない。しかし、同時に、開発が進み、農村部にまで貨幣経済が浸透し、資本主義的農業が広がった。人口も増加した。そのような状況下で新たな土地を求める農民の圧力は結局のところ、跳ね返すことはできなかったのではないか、とも思われる。だとすれば、制度やその実施の不全のみに多くの責を帰すのは妥当ではない。

翻って、冒頭の村を考えてみよう。近代化、資本主義化が進展するなかで、そのような動きから取り残されたかのような、今やタイの農村のなかでも例外的といってよいような村である。この村の暮らしが今あるのは、建前と現実の柔軟な使い分けのおかげである。国家保全林の段階であれ、国立公園指定後であれ、法律に忠実に保護を強行すれば、村人は強制的に移住させられ、村はなくなっていただろう。逆に、国立公園に指定せず放置していたら、他の普通の農村のように貨幣経済の波に飲み込まれ、「昔ながら」の暮らしをおくることは不可能な環境に変貌していただろう。この村の暮らしを残したような柔軟さ、さじ加減が、これまでの多くの自然保護のように、もっぱら、「区切る論理」で人も自然も整序してしまうのではなく、「つながりの論理」が紛れ込む余地を残した。このことは、もっと評価されてもよいのではないだろうか。

本書では、これを「やわらかい保護」と呼ぶ。この、「やわらかい保護」を手がかりにタイ社会を動かす特徴的な原理のようなものを探ってみよう。また、「やわらかい保護」の結晶ともいえる、この村での暮らしぶりやそこで育まれている文化についても詳しく見てみよう。自然を人間から隔離し、対峙するものとして囲い込んでしまうのではなく、そこに根ざした人の営み——独自の文化や社会——と一体のものとして、ひとつの「地域」として守る、そのためのヒントが、「やわらかい保護」には隠されているように思う。

目次

森を使い、森を守る

第一章

森の中の村

1　村へのみちのり

さて、「はじめに」で述べた冒頭の村をはじめとする本書の舞台設定をもう少し詳しく紹介しておこう。この村は、ゴンカム村という。行政上は、ウボンラチャタニ県シームアンマイ郡ナムテン区の第四村である。県庁所在地であるウボンラチャタニの街から直線距離ではおよそ一〇〇キロメートルのところだ（図1-1）。

公共交通機関は、ウボンラチャタニから区の中心であるナムテン村までのバスが毎日二便に、郡の中心であるシームアンマイまで行く乗り合いトラックが、隣のフンルアン村まで、早朝に、一往復ある。最近、バンコクから直通のエアコンバスが隣郡のポーサイまで毎日一往復するようになり、これもフンルアン村で乗降が可能で、大変、便利になった。

いずれのルートをとるにしても、少なくともフンルアン村から先は公共の足はない。ここからゴンカム村までは山道を八キロメートル。歩いて歩けない距離ではない。そうでなければ、バイクかピックアップトラックをチャーターしてゴンカム村まで上る。あるいは——村人の多くがしているように——村を通り越し、隣のドンナー村の少し手前にあるルアンプーパーナーンコーイ寺の車が行き交うのをヒッチハイクして、村の入り口の少し手前で降ろしてもらわなければならない。この寺は、有力な軍人などの寄進で建立されたとのことで、森の中に似つかわしくない大きな伽藍を持つ。物資を運ぶトラックや、休日には遠方から参拝にくる車が行き交う。

村は、タイ東北部、コラート盆地の外延にある。国境のメコン川までわずか六キロメートルだ。ウボンラ

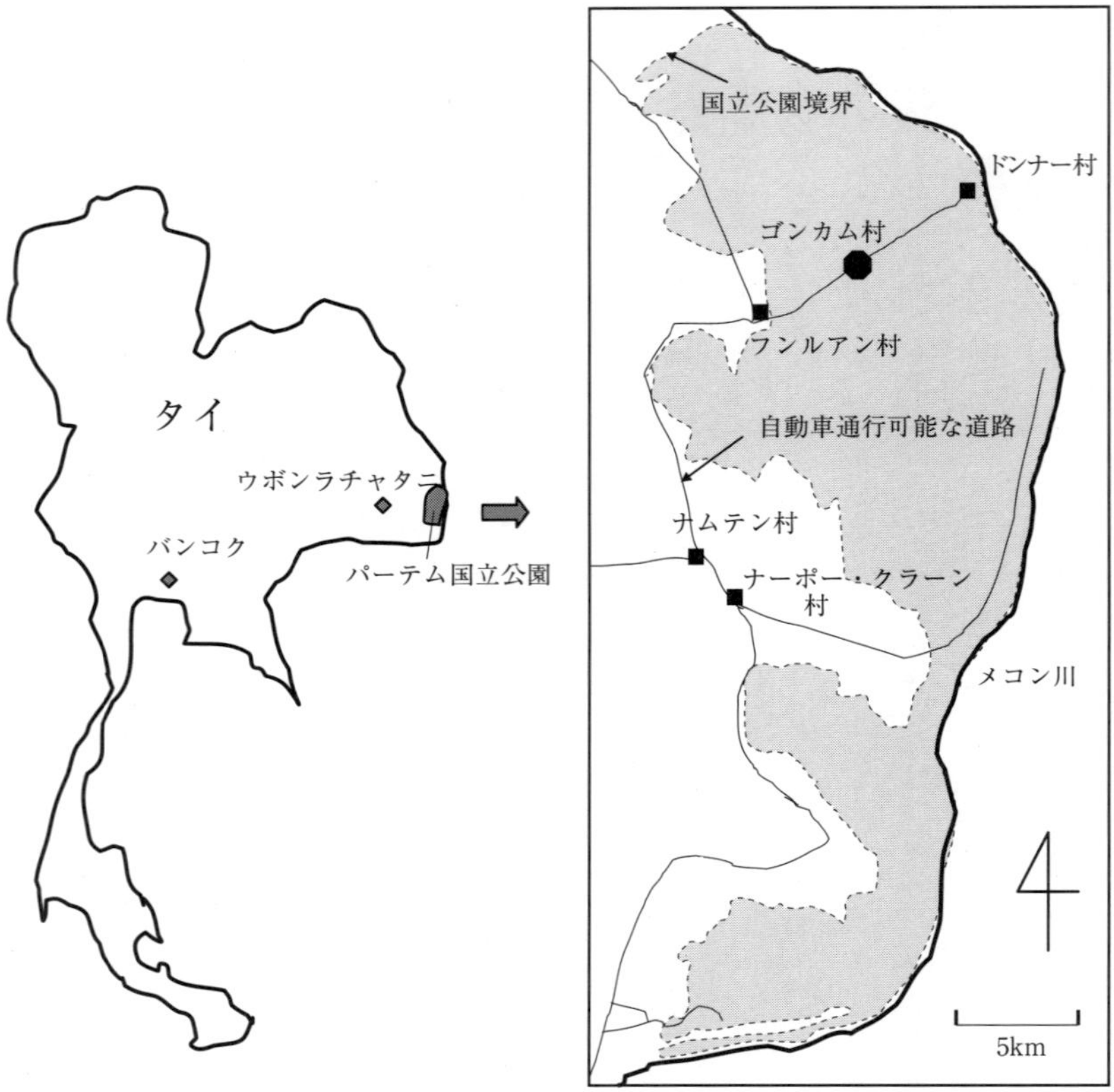

図 1-1　ゴンカム村とパーテム国立公園

チャタニから村に向かうと、緩やかな波状丘陵の水田地帯を走る。水田の一筆ずつが小さくて、水田のなかに樹木が残されているのは、東北部に共通する特徴だ。ただ、シームアンマイを過ぎたころから、徐々に、丘陵を越えてゆく上り下りが急になり、付近の地面は、土壌が薄く、岩がちになってくる。それと同時に、水田が途切れ森林が残っているところが目立つようになってくる。このあたりの森林は、樹木の高さや密度という点で、熱帯林としては貧弱だ。

フンルアン村に着く。アスファルトで舗装された道路はここまでだ。この先は、セメントで簡易に舗装された部分もあるが、土道の部分もある、起伏の激しい山道となる。道幅も狭く、自動車がすれ違うことができる箇所は少ない。つまり、ここからが国立公園ということだ。

山道に入り、フンルアン村を離れてほどなく、森の中を走るようになる。ウボンラチャタニからの道中に見えたものよりは、樹木の背丈もあり、こんもり茂った、森らしい森だ。それでも、ところどころに切り株が見え、下草は不自然に焼かれていて、人手が入っていることがわかる。

ゴンカム村の程近くに来るまで、民家や農地はない。時に、村人が歩いているのに出くわさなければ、この先に村が本当にあるのか不安になるくらいに、視界の限り森が続く。上り下りを繰り返しながらゆっくり進むと、やがて、村の入り口を示す看板があり、それを越えてゆくと、それまでの山道からは想像できないような平らな土地に集落が広がっている。山の中に、かろうじてあるごく小さな盆地に、集落と水田がある。これが、ゴンカム村だ（**写真1-1**）。村に入らず、そのまま進めば、さらに六キロメートルで、メコン川沿いにあるドンナー村に達する。

集落や水田の周辺のおもな植生は、東北部で卓越する乾燥フタバガキ林である。このほか、岩がむき出し

写真1-1　ゴンカム村全景

になっているところでは、高木は生えず、潅木がわずかに生えるサバンナとなる。

国立公園のスタッフによれば、パーテム国立公園全体の植生の内訳は、乾燥フタバガキ林七〇パーセント、乾燥常緑林一〇パーセント、混交落葉林一〇パーセント、サバンナ一〇パーセントである。このほか、国立公園事務所配布のパンフレットによれば、高地にはマツ林も見られるという。ただし、ゴンカム村の周辺では、マツ林は見られない。

パーテム国立公園は中央でくびれた格好になっていて、そのあたりを境に南北の二つのエリアに分けることができる。南部には、古代人の描いた壁画があり、有名な観光地となっていて、ビジター・センターなども整備されている。北部には、ドンナータームの森と呼ばれる広大な森林が残り、いくつか滝があって、おもに近辺からの週末の観光地となっているほか、環境教育にも活用されている。

パーテム国立公園は一九九一年に指定された。逆に言えば、それまで良好な森林が残っていたということである。これは、山がち、岩がちで耕作に不向きな土地が多かったからであろう。以前は、ドンナータームの森の一部で企業による木材伐採が行われていたし、国立公園に指定されてからしばらくは、周辺の村人による盗伐も盛んに行われていた。しかし、前に述べたような典型的な森林消失の図式、木材伐採の跡地に開拓農民が入り込むということにはならなかった。良好な農地になるような土地がたくさんあれば、交通やインフラの不備をものともせず、遠方より農民が押しかけただろう。

現在、国立公園内および周辺には全部で一八の村がある。メコン川沿いの村と国立公園を挟んでメコン川と反対側の国道沿いの村に大別できる。川沿いの村の多くはメコン川での漁業に依存する度合いが高い。ゴンカム村の隣のドンナー村などはこの典型だが、これらの村は河岸にある断崖絶壁との間のわずかな土地に集落をつくっていて、水田がほとんどない。逆に、国道沿いの村は専ら水田耕作で生計を立てている。

これら国立公園周辺の村では、一九九五年ごろから政府がインフラ整備を中心にさまざまな開発を進めた。その結果、貨幣経済への依存度が急激に高まり、生活スタイルも変化したという。

ゴンカム村は、地理的にはこの両者の中間にあるが、水田が中心の生業は国道沿いの村に近い。しかし、地元の森林局職員によれば、国立公園の内側になったため、開発援助も届かず、比較的「古い」生活スタイルが残っているという。そういう意味で、国道沿い、川沿いのどちらの村とも趣を異にすることになった。ゴンカム村は国立公園設立により、地域の中でも特異な村となったのである。

2　村の様子

集落は、東西三〇〇メートル、南北五〇〇メートルくらいの長方形をしている。中には、自動車が通れる幅の土道が、東西三本、南北四本あり、格子状になっている（**写真1－2**、**写真1－3**）。集落から四方を見渡せば、どちらにも山が見える。山腹は一方が比較的なだらかなのに対し、その反対側は岩肌が露出し、切り立った断崖になっている。頂上は平らで、土壌が薄いことが多く、やはり岩盤が露出していたり、まばらな叢林になっていたりする。村の周りの山に登ってみると、村の周りだけが例外的に平地であることがよくわかる。

村には六八世帯、約三〇四人[1]が暮らしており、みな、集落の中に住居を構えている。このほか、水田脇に出作り小屋を持ち、特に農繁期は、そちらで寝泊りして、ほとんど集落にある住居には戻らない人もいる。

住居はみな高床式で、柱、床板、壁板が木製、屋根はトタン張りというのがほとんどだ。一軒の住居に、ひとつの核家族か、直系親族の三世代同居がほとんどで、結婚後、しばらくは、妻方の両親・キョウダイと同居しているケースも見られる。先に書いたようなタイ人一般の特徴として、親と娘家族の家が同じ敷地に並んでいることも多い。ただ、そういうケースでも、「屋敷地共住集団」で典型的な、両親の水田を共同で耕作し、ひとつの米倉をシェアするという共働共食は、まれに見られる程度である。

水田は、集落と同じ、この小さな平地のなかに点在している。一〇～二〇ヘクタール程度の比較的大きなかたまりが、集落の東北二〇〇～三〇〇メートルのところに一ヶ所、さらに西、西北方向に、どちらも約一キロメートルのところに各一ヶ所、計三ヶ所ある。この三ヶ所は、まとまった平地があり、かつ、小川があり、村の中では水田稲作に適した土地なので、最も古くから水田だったところである。これ以外にも、村人たちは、各々、小さな窪地などを水田にしている。これらの水田は、パッチ状に森のなかに点在していて、集落から水田に歩く細道は、森をぬけ、小川を渡ってゆく。

村の大きな水田の、三ヶ所のうち最も村に近い、東北方向にあるものは、「旧集落の水田」（na ban kao）

写真 1-2　村の「メインストリート」

写真 1-3　木造の高床住居が建ち並ぶ

写真1-4　鎮守の森の小さな祠

と呼ばれているように、かつては、ここに集落があった。世帯数が増えて手狭になったため、一九五八年に移転したのだという。この「旧集落の水田」に隣接して、「鎮守の森」(dong ta pu)や「埋葬林」(pa sa)がある。水田を取り巻く森林との境界は、一見するとわからないが、村人には認知されている。多くのラオ人の村と同じように、「鎮守の森」では、樹木を切ることは禁じられている。「鎮守の森」には小さな祠があり(**写真1-4**)、年に二度、水田の準備を始める前と、収穫後の米を倉に入れる前に、村人がここに集まり、村の守護霊に供物をささげる。

仏教寺院は、集落の東端に一ヶ所、これは「村の寺」(wat ban)と呼ばれている。もうひとつ、村から南に約二キロメートルのところにある、「森の寺」(wat pa)がある。両方とも、政府による寺院の登録はされていないが、村人は「寺」(wat)と呼ぶ。「村の寺」には、住職がおらず、七月から一〇月までの安居期だけ近隣の寺院から僧が来て過ごす。「森の寺」には一人の僧が常にいる。これは、寺というより、僧自身の修行場である。岩窟を利用したもので、一応、仏像が安置され、生活に必要な物資も整っているが、非常に簡素なものである。村の仏教儀礼などの際には、「村の寺」、「森の寺」双方の僧が居並ぶこともしばしばある。村人はみな仏教徒で、双方の僧侶とも相応に敬われている。しかし、「森の寺」の僧のほうが、より戒律に厳しく、傍目にも修行に熱心なことがわかる。普段の会話も機知に富んでいるこちらの僧のほうが、より尊敬されているように見える(2)。

村には、政府が運営する公共施設として小学校と保健所がある。国立公園内なので、電気や水道といったインフラはない。代わりに、政府やそのほかの援助で太陽光パネルと蓄電池を利用したバッテリーの蓄電所や、同じく太陽光による電力で井戸水を揚水する簡易水道がある。このほか、手動の井戸も数ヶ所ある。村人が共同で使う建物として、集会所と日用雑貨などが売られている協同組合の小屋がある。共同の養魚地もあるが、あまり使われていない。以上は外からの援助で作られたものだが、それ以外に、村人自身がつくり、共同で利用している家畜の放牧場が、集落から離れた森のなかに二ヶ所ある。

3　村人の暮らしぶり

村でいちばんの早起きは鶏たちだ。朝四時前後、一羽が啼くのを皮切りに、村中の鶏が相呼応して、掛合いのように啼き続ける。これに少し遅れて人間たちも起きだしてくる。となり近所から、コン、コン、という音が聞こえてくる。すり鉢で、香辛料をつぶしているのだ。朝食のおかずは何だろうか。どこの家だろうか、ラジオでモーラムというこの地方の民謡をかけている。わが寄宿先でも、顔を洗い、口をゆすぎ、朝食の準備を始め、床を掃き、とにわかにあわただしくなる。身支度を整えた主が真っ先に一人で家を出る。これで、やっと夜が明けるか明けないかという時分である。

主が向かう先は、集落の北のはずれにある果樹園のことが多い。ここに何頭か、牛や水牛をつないであり、その様子を見がてら、植えてある果物や野菜などをとってくる。

あるいは、魚捕りの仕掛けを見に行くこともままある。かかった魚があれば、魚籠に入れて持ち帰る。魚捕りの仕掛けにはいくつかの種類がある。「ベット」(baet)という、三〇センチメートルくらいの細い竹ヒゴの片端から糸が垂れていて、その先に釣り針がついたものを使う場合、釣り針の先に餌のミミズをつけ、水田の畦や、小川の土手にさして行く(**写真1-5**)。一回で四〇本から五〇本くらいさす。夕方にさせば、朝、かかった魚とともに回収するし、朝にさせば夕方、回収する。もう少し大掛かりな、「トン」(ton)という定置式の仕掛けの場合、一度、設置すれば、後は、毎朝、かかった魚をとりに行くだけである。だから、主も、「トン」や、前日にさした「ベット」にかかった魚をとりに仕掛けを見に行くこともあれば、夕方にむけて「ベット」をしかけに行くこともある。

季節であれば、早朝からキノコを採りに山に行くこともある。キノコ採りは、夫婦で行く。ただし、別々に、探しに行く方向も違う。大抵は、主より、その妻の方が多く採る。

いずれにしても、主が戻ってから、キノコ採りの場合は、夫婦が戻ってから、朝八時ぐらいに朝食となるが、それより少し前、七時くらいに、僧侶に食物を寄進しにゆく。これは、主の妻の毎朝の日課である。

さて、普段、つまり、農繁期でない期間は、この後の昼間の時間の使い方はさまざまである。六月から一一月ごろまでの雨季のあいだには、主は、果樹園の手入れや、そこにつないである家畜の見張り、あるいは、林間放牧してある家畜を探しに行く、ということが多い。妻は、タケノコ採りに行くことが多い。このほか、魚捕りの仕掛けや、魚籠、ザル、籠、といった竹製の道具類を作ったり、池にタニシを捕りに行った

写真 1-5　水田脇に「ベット」を差して歩く

写真 1-6　稲刈りと並び，田植えの時期には村中が活気づく

りすることもある。これは、夫婦どちらも行う。農繁期ではないが、田植えの後、稲がある程度、成長するまでの間は、主は、日中、水田わきの休み屋で過ごす。牛や水牛が稲を食べないよう、見張るのである。

農繁期、つまり、五月から六月にかけての田起し、代掻き、から田植えまでの間と、一一月ごろの稲刈りの時期には、一家総出で、一日中、水田で働くことになる（**写真1－6**）。朝、起きて、身支度だけ終えると、主は一人、先に水田に向かう。五時ごろだろうか。妻や子供たちは、朝食の支度を整え、それを弁当箱に入れて、八時ごろに水田に向かう。それまで一人で作業を進めていた主も含め、家族全員で、休み屋で朝食となる。そして、日が暮れるまで、農作業を続ける。食物も、農作業の合間に、水田の近くで得られるもので済ます。自分の水田の農作業が終わると、妻方の親族の分を手伝いに行くこともある。

以上は、筆者の寄宿先の家での日常生活の様子である。これに加えて、いろいろな儀式や村の外に用事で出かけることもある。しかし、この家は、米を自給するのに十分な水田を持っていた点で、村の中では、比較的、恵まれたほうだった。水田の面積が足らず、家族が食べるだけの米を自給できない世帯では、それを補うために余分に働かなくてはならない。普段から、森から採ってきた材料でホウキやムシロを作り、雨季には多めにタケノコを採って缶詰にしておく。米が足らなくなると、それらを持って親戚や知り合いのいる村々を訪ね、米と交換してもらうのである。このほか、全く農地を持たないものもいて、村内や近隣の村での雑多な日雇いの仕事をしたり、隣のドンナー村近くのルアンプーパーナーンコーイ寺に雇われたりしているものもいる。総じて、村人の現金収入は少なく、逆に言えば、自給色が強い暮らしぶりである。

4　村の行政

国立公園の中にあるゴンカム村。国立公園法に従えば、存在自体が許されない。にもかかわらず、行政村として公的に認知され、地方行政の末端である村長などの役職や、学校や保健所の職員も、正式に公務員が派遣されている。一般的な村となんら変わりはない。このあたりがこの国のユニークなところだ。極端に縦割り行政であるだけでなく、それが現実主義的に働くのだ。

地方行政の末端として村の行政にあたるのは村長（phu yai ban）である。村長は村民の直接選挙で選ばれる。任期は四年。一九九二年までは任期がなく、それ以前に選出された村長は、みずからの意思で辞職しない限り、六〇歳の停年まで務めることができた。ゴンカム村では、任期制導入前に選ばれた村長が一九九八年に停年を迎え、それ以降、任期制に切り替わり、選挙が行われた。その後、二〇〇三年に、再び任期切れに伴う選挙で、再び別人に交代している。村長を補佐するため、助役が三名いる。助役は村長が村民から選ぶ。村長のすぐ上位には、村が属する「区」（tambon）レベルでの長として、カムナン（kamnan）という役職があり、区内のすべての村長のなかから立候補したものの間で争われ、やはり、区民の選挙により選出される。

カムナン、村長、助役は、内務省地方統治局に任命・派遣されてくる県知事（phuwa rachakan changwat）、郡長（nai amphoe）に直接、連なる系統の役職である。すなわち、バンコクの中央政府・内務省を頂点とした集権的な地方行政システムの末端を担う。これとは、建前の上では別の系統の役職がある。それは、やはり区を単位に設置されている「タムボン行政機構」(ongkan borihan suan tambon)の議会議員で、村ごとに二名の議員が村民の選挙で選ばれる。このタムボン行政機構は、地方自治体であり、中央直轄の県や郡の指揮下にはない。近年の地方分権化推進政策によって、開発予算の多くが、中央官庁直轄の系統ではなく、地方自治体を経由するようになっており、カムナンや村長は、村落社会での権威は根強く残っているものの、実質的には、タムボン行政機構議会議員のほうが「うまみ」があるといわれている。

これら、村民のなかから選挙で選ばれる役職者は、公務員ではあるものの、いわゆる常勤の公務員とは待遇面でも大きく異なる。一般の公務員のような手厚い社会保障もなく、報酬も月額一五〇〇〜二〇〇〇バーツ程度と、非常に低い。しかし、選挙活動には、ゴンカム村のように七〇世帯程度の村でも数万バーツもの資金が必要だという。カムナンともなると何十万バーツという単位になる。おもに開発予算からのマージンでこれを回収するのだが、タムボン行政機構議会議員のほうが、ペイする可能性が高くなっている、ということになる。ただし、金さえかければ選挙に勝てるというわけではない。各候補者が行う買票や供応は、似たりよったりである。その上で、候補者の資質や人脈で勝負が決まる。村によっては、有力な家系が歴代村長を独占していることもあるが、ゴンカム村ではそういうことはない。

村長、助役、タムボン行政機構議会議員などの村の役職者は、それぞれ、郡役場、タムボン行政機構、の指令による村内の行政事務のほか、中央官庁の出先機関、国際機関、NGO、あるいは、筆者も含め国内外の研究機関などが、各種のプロジェクトを村で実施する際の窓口になる。この村の窓口としての役割は、実際には、上位の命令系統の違いを超えて、ともに村の顔役として共同で担っている。

村には、各種の委員会も設置されている。これは無報酬である。常設の村落開発委員会(khana kamakan phatana mubban)のほか、実際に、プロジェクトが実施される段階になると、それぞれに対応するための委員会が個別に作られる。例えば、協同組合を設立したときには「協同組合委員会」が、政府による「村落基金」(kongthun mubān)の制度ができたときにはそのための委員会が、それぞれつくられた。こうした各種委員会には、通常、村長やタムボン行政機構議会議員も入ることが多い。それらの人が委員長を務めることもあるが、そうでないこともある。

私が村に滞在している間には出くわさなかったが、村のなかで争いごとがあり、当事者同士で解決できないと、村長が仲裁することになる。もし、村を越えた争いごとなら、関係する村の村長が、あるいは、それで収拾がつかなければ、カムナンが裁定する。区を越えた争いの場合、関係する区のカムナンが裁定することになる。水田の境界争いや、刃傷沙汰、家畜泥棒、といった、本来、刑事事件になるようなケースでも、いわゆる公権力にはなるべく頼らず、村落社会内の「顔役」の力で解決しようとする。どうしてもそれで埒が明かなければ、郡長の裁定を仰ぐことになるが、滅多にない。

こういう場合に象徴されるように、村長やカムナン、あるいは、タムボン行政機構議会議員もそうだが、公的な地方行政・地方自治の末端としての立場に加え、ローカルな文脈での「顔役」としての役目を同時に果たしているのである。

5 村の歴史

現在八〇歳を越える村の古老ラー氏によれば、ゴンカム村はチャオ・マハー・モントリーとチャオ・プラ・ラー・コンの二人の開祖がナムテン村より移住したのに始まるという。この二人の開祖は、現在も、村の鎮守の森（dong ta pu）に祭られているが、彼らの移住や開村の年代、そもそも彼らが実在したのか否かも定かではない。ただ、八〇歳を越えるラー氏自身もその両親も、村の草分けたる人物には、実際に接していないので、村は、少なくとも一〇〇年以上前には開かれていたことになる。もっとも、ナムテン村の住人が狩猟などで、農地にできそうな土地を見つけ、少しずつ開いてゆき、移住、分村に至ったということである。何をもって、「村は分かれた」とするのかは、いくつかの考え方があるだろうが、開祖たる人物を、独立した村の鎮守の森に祭るようになったことは、ひとつの大きなメルクマールになるだろう。

行政村としてのゴンカム村が、ナムテン村より別れて設立されたのは一九四二年だという。ナムテン村は、ナムテン区の第一村で、区内のすべての村は、ナムテン村から分かれた村、あるいは、そこからさらに分かれた村である。ゴンカム村は、第四村で、行政的には三番目に分かれた村ということになる。

一九五八年には、前に述べたように、元々、二〇〇メートルほど東にあった集落が手狭になり、現在の場所へ移動している。その当時は、一〇軒ほどのごく小さな村だった。その後四〇年強で、世帯数は七倍に増えたことになる。

ラー氏によれば、昔はゴンカム村の住人はスワイ、カーといった人々だったという。ラー氏の幼少時には、スワイ語を話せる人がいたという。カー語については、ラー氏自身も知らない。しかし、集落が移動した一九五八年当時には、それら言語を話せる人はいなくなっていて、現在では、言語、アイデンティティ共にラオとなっている。ナムテン村に住む六〇歳の村人によれば、彼の親の世代はほとんどがスワイ語を話したというが、現在ではゴンカム村同様にラオ化している。パーテム国立公園の周辺地域では、現在のシームアンマイ郡ナムテン区とコンチアム郡ナーポークラーン区一帯が、元々、これら先住民の居住域だったといわれている。このほか、ポーサイ郡の一部の村でも、昔、これらの言語の話者がいたという。

スワイ、カーは共にモン＝クメール系の言語集団で、コラート高原や現在のラオス南部へラオ人が移入する以前からの先住民である。「スワイ」「カー」ともに、タイ人による蔑称である。現在、これらの言語集団はタイ側ではコラート高原南部を中心に見られる。ラオス側では、スワイ、カー以外にも多様なモン＝クメール系の言語集団が分布する［Chazée 1999］。先に述べたように、現在のタイ東北部にラオ人が移住し暮らすようになったのは一八世紀ごろからで、盛んに開拓移住を繰り返してこの地域の多数派となっていった。

ゴンカム村を含む一帯の先住民のラオ化もこの過程での出来事だろうと考えられる。具体的にどのような経過をたどってラオ化したのかはわからない。しかし、往時のスワイ語の話者は皆、ラオ語も話せたということを考えれば、先住民と新参のラオ人との結婚や開拓移住によって外部からラオ人が移入してくるのと並行して、(3) 先住民によるラオ文化の受容も次第に進んでいったのではないだろうか。(4) そして、その後に、ゆっくりとスワイ語は失われていったのだろう。現在では、村人の生活文化、言語、アイデンティティ、習慣や信仰、とほぼすべての面でラオ化が完了している。さらに、タイ人としてのアイデンティティも確立している。村人の中には、メコン側を挟んでラオス領内に親戚を持つものもいるが、ラオスについては、開発の遅れた「彼岸」という意識で、自分たちとの生活水準の格差やインフラ整備の遅れ、さらには豊かに残された自然に言及するのが常である。

最近の政府の開発政策を別にして、この付近の生活の様子が大きく変ったのは、一九五〇年代後半だという。ナムテン村では、公共の保健所ができ、シームアンマイ方面から自動車で物を売りに来るようになった。それ以前は、物売りが村に来ることはなかったという。この頃を境に、交通が整備され、外部との往来が増大したのである。しかし、ナムテン村から先、フンルアン村を経てポーサイ郡に抜ける国道ができ、さらに、フンルアン村からゴンカム村までの道路が、自動車が通れるように拡幅されたのは一九九五年以降のことである。それまでは、村人は歩いてナムテン村まで出ていたのである。

6　村の外で起こったこと——タイの森はどのようにしてなくなったのか

ゴンカム村でのこのような暮らしぶりや歴史は、ある程度、「イサーン」と呼ばれるタイ東北部の農村に共通するものである。少なくとも、以前はそうだった。しかし、村の外側では、近代化が進み、貨幣経済が浸透し、森林がなくなった。ゴンカム村では比較的、昔ながらの暮らしが続けられてきた一方で、外側では何が起こったのだろうか。

タイは、森林を食いつぶして経済発展を成し遂げたと言われる。かつて国土の大半が森林に覆われていたが、今はその面影すらない。一九六〇年の航空写真による調査では、国土の約六〇パーセントが森林に覆われていたが、一九八〇年代半ばまでに三〇パーセント以下にまで落ち込んだ。その後、現在まで、ほぼ変化なく推移している（**図1－2**）。

日本からバンコクに向かう飛行機は、南シナ海からベトナム、ラオスを突っ切り、ウボンラチャタニ付近、ちょうどゴンカム村の上空あたりでメコン川をこえ、タイ領に入る。一面緑の森に覆われたベトナム、ラオスと対照的に、国境のメコン川を越えた途端、コラート高原の出口であるカオヤイ国立公園に至るまで、ほとんど森がないのがわかる。雨季には、それでも、水田の緑で青々とはしているが、乾季には、延々、赤茶けた干からびた大地が続くばかりだ。

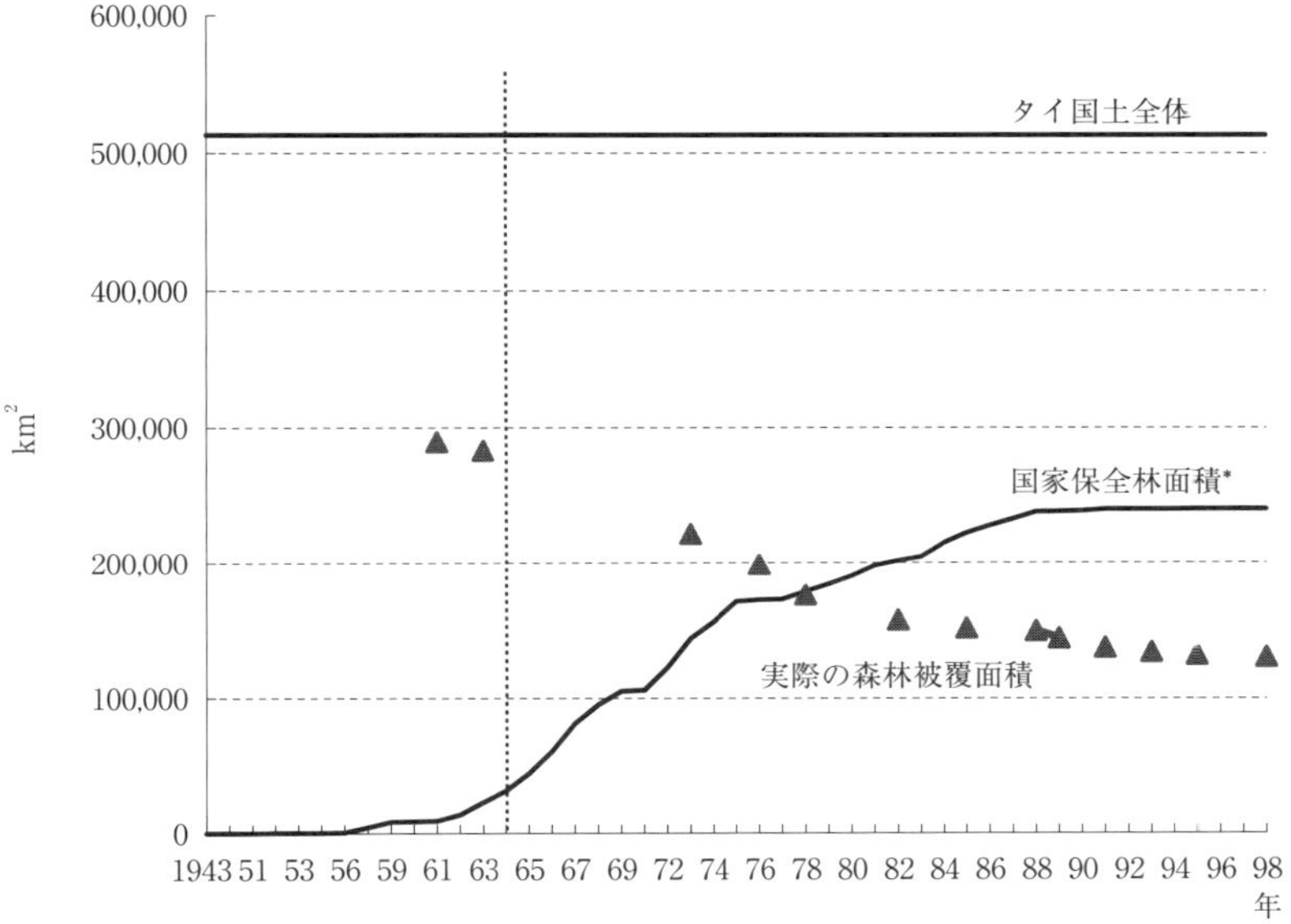

図 1-2　国家保全林の拡大と森林消失

*1963年以前は，「森林保護・保全法」による「保全林」
典拠：森林局［1997；1999；2000］；『年次報告書』1981年：95；1982年：108；田坂［1991：21］.

この東北部は、タイのなかでも最も森林破壊の深刻な地方として悪名高い。一九九七年の統計では、森林被覆率は僅か一二・四パーセント、タイ全国平均の約半分でしかない［森林局 1999］[5]。国境をまたいだ衝撃的な対比がそのままタイ全体に当てはまるわけではない。しかし、それほどではないにせよ、特に一九六〇年代以降、全国的に、森は切られた。少なくとも森が増えた地方はない。では、タイの森はどのようにしてなくなったのか。ごく端的に言えば、木材の伐採と、農地への転換である。

商品として、特に海外に販売するための木材の伐採は、一九世紀から行われてきた。当初は、主に北部のチーク林が対象だったが、第二次大戦後には、全国で、チーク以外の森林も盛んに伐採されるようになった。

商業伐採では、一定以上のサイズの樹木のみを択伐する。実際には、伐採される木に加え、ブルドーザーなどで集材することによる森林へのダメージもある。それでもなお、丸裸にはならない。しかし、伐採し、材木を運搬するために道路ができる。伐採を終えた後の森林管理が甘いと、この道路を伝って農民などが入りこみ、伐採後の森を畑に変えてしまうのである。タイでは、一九八〇年代後半ごろまでは、製造業の中心は、農水産物を加工し輸出するアグリビジネスだった［末廣 1993］。その原料である、ケナフ、キャッサバ、トウモロコシ、サトウキビといった作物は、水田には不向きな丘陵地でも栽培できる。伐採後の森林に入りこんだ農民は、おもに、こうした換金作物を栽培したのである。換金作物の栽培は、それまで手付かずだった森林が伐採された後にできた新しい農地・農村だけでなく、以前からあった村の周りに残っていた森林にも広がった。このような商業伐採の後に換金作物栽培が続いて森がなくなるという図式はもっとも典型的なものだが、北部、南部では、それぞれ、異なった様相を見せる。

南部では、換金作物の中心は、畑作物ではなく、果樹やゴムといったプランテーションである。森林のそうした用途への転換も古くから行われてきているが、より深刻な問題と捉えられているのは、エビ養殖池の拡大によるマングローブ林の破壊である。北部は山がちな地勢で、高地にはモンやカレンといったタイ系とは異なる民族集団が焼畑を営み、山間の河谷・盆地では、タイ系の人々が水田を中心にした農業を営んできた。低地では、水田や集落の周りにあった森林が竜眼の果樹園になった。高地では、おもに自給目的で一定の周期で輪転させる「伝統的」焼畑のほかに、ケシ栽培が盛んに行われていた。これは、地力を回復不可能なまでに収奪したのち放棄して、新たな森林を伐開するというやり方だった。現在では、こうしたケシ栽培は、国際的な麻薬撲滅キャンペーンもあって、キャベツや花卉栽培といった代替作物に変わった。さらに、多くは定着・常畑化されている。ここでは、森林破壊のほかに、同じ水系での低地・高地の利害対立や、マイノリティへの国籍付与問題も絡んで複雑になっている。

こうした地域による構図の違いはあるものの、特に一九六〇年代以降、商業伐採やアグリビジネスといった自然資源に頼った経済成長が森林破壊の最大の要因だったのは間違いない。

7　開拓移住の歴史

地域差があるとはいうものの、広大な森林地帯がわずか二〇〜三〇年のうちに、地平線が見えるほどのキャッサバ畑になってしまう、というほどに激烈な破壊は、最初に挙げた典型的図式、つまり、南部・北部以外の地域で起こっている。そして、そうした事例では、地域を問わず、もともと東北部に出自を持つ開拓農民たちが「主役」となっていることが多い。例えば、ハーシュ［Hirsch 1990］によれば、西北部、ウタイタニ県のファイカーケン野生動物保護区周辺には、在来のカレンの集落に加え、東北部からの開拓者の村がある。また、東部のチャチェンサオ、チョンブリー、ラヨーン、チャンタブリー、サケーオの五県にまたがるカオアンルーナイ野生動物保護区の周辺でも、おもに東北部から入り込んだ開拓農民によって急速に森林が消失した［森林局 n.d.］。

本書の舞台となる村もその一部であるタイ東北部は、もともと、開拓移住が盛んに行われてきた土地である。ここの住民の大多数は、隣国ラオスでは最大の民族集団となっているラオ人である。タイ系ではあるものの、言語や生活習慣はバンコクや中部とはやや異なる。現在では、それぞれの「国民」としての意識が強くなり、タイでは、「ラオ」という呼称を嫌い、特に公の場では「タイ・イサーン」（「イサーン」とはタイ東北部の別称)、あるいは単に「イサーン人」ということが多くなった。いずれにせよ、もとを質せば、彼らの祖先は、一八世紀以降に現在のラオス領から移住してきた人々なのである。

タイ東北部は、南のドンラック山脈、西のプーパン山脈、北東方向に流れるメコン川に囲まれた盆地で、なだらかな丘陵地帯が続く。カイズ［Keyes 1976］によれば、このコラート高原と呼ばれる一帯は、一三世紀か一四世紀ごろまで、カンボジアを中心とするアンコール帝国の支配下にあったが、アンコールの衰退とともに「無人化」したという。その後、中部からは、バンコクから見てコラート高原の玄関口であり、戦略上の要衝であったナコンラチャシマに、一七世紀に移住者があったが、これは少数にとどまった。一八世紀になると、現ラオス領にあったラオ人よるヴィエンチャンやチャンパサックの王国での内紛などもあって、多くのラオ人が移住してくる。王の一族や家臣が民を引きつれて移住し、「ムアン」と呼ばれる小さな「くに」ができていった。このなかのいくつかは、バンコクのタイ（当時はシャム）国王に服属した。さらに、一八二七年に、バンコクに半ば服属していたヴィエンチャンのアヌ王が起こした「反乱」が鎮圧されてからは、バンコクの政府は、メコン川東岸のラオ人に対し、西岸、つまりコラート高原への移住を促したり、領主ごと強制的に移住させたりした［同書］。

このようなラオ人の移住によって、コラート高原の人口は、飛躍的に増加した。その後も、彼らは、自発的に、盛んに開拓移住を繰り返した。福井らは、定着調査を行ったコンケン県ドンデーン村で中心に、チー川に沿った開拓移住の動きを詳細に報告している［福井 1988］。チー川は、コラート高原の西端、プーパン山脈を源に、コンケンなど高原中央部を経て、南東端のウボンラチャタニ付近でムーン川に合流し、さらにメコンに流れ込む。ドンデーン村はこのチー川の中流あたりに位置する。

ドンデーン村は、おもに一九〇〇年から一九一九年の間にマハーサラカム県ゴースムピサイ郡とロイエト県からの開拓者集団によりできた。一九三〇年代後半からは、他所への移出が始まる。一九六四年までにコンケン県内に移出したのが最大で、一九八三年まではウドンタニ県、その後はチャイヤプーム県やルーイ県とより遠方の未開地の残っている地方へ向かうようになっている［同書：178–179］。

開拓移住は「良田探し」(ha na di) と呼ばれ、農業経営の条件がよりよい場所を求めて行われる。水田の土壌・水分条件が悪い。人口が増え、村周辺での農地の拡張が限界になり、さらに分割相続によって農地が細分化する。すると、米が自給できない、あるいは、将来的にできなくなるという不安を感じる。こうして、より広い農地を求めて開拓移住を行うのである。開拓移住は、事前に十分な情報収集を行い、下見にゆき、先住者がいれば土地の買い付けを約束し、その上で、家族・兄弟全員が移住する。移住先でさらに情報を集めよりより条件の土地に移るというパターンもある［同書：421–425］。

福井は、こうした開拓移住が少なくとも一九世紀後半以降、チー川流域を下流から上流に向かったラオ人の社会に深く根づいている生活様式であり、「棄民」のような暗いイメージではなく、むしろ積極的な行動と捉えられ、「インスティテューショナライズ」されていることがこの社会の特徴だと考える［前掲書：421, 426–427］。

このように開拓移住によって新天地で新たな村ができる、あるいは、すでにあった村に合流する。しばらくして人口が増えてくると、周辺の森林で水田にできそうなところを開墾し、そこに一定の人が集まると分村をつくる。ひとつの親村からいくつもの分村ができ、さらにその分村までできている場合も多い。そうやって、周囲に拡張する余地が少なくなると未開地の残る遠方に開拓移住してゆくのである。

チー川流域のような大きな潮流としてではないが、故地に固執することなく、よりよい条件の土地に積極的に移住するというのは、東北部、あるいはラオ人に限ったことではない。シャープやハンクスらが定着調査を行った、バンコク郊外のバーン・チャンもその一例である。バーン・チャンは、バンコクから東にチャチェンサオ県まで延びるセーンセープ運河沿いに、一八七〇年代ごろから、開拓移住者が段々に集まってできた村である。運河沿いには、同様の集落が点々とでき、運河の堤防上に住居を建て、後背の湿地に水田を開いた［Sharp and Hanks 1978］。北原が調査を行った、中部、ナコンパトム県のランレーム村も開拓移住によってできた歴史を持つ。ほぼ真北にあるスパンブリー方面からターチーン川沿いに南下してきた開拓農民は、一八世紀末以降に、まず、バーン・プラ村に定着する。その後、徐々に周りの土地の開拓を進め、一九世紀末には、四キロメートル離れた出作り先に定着するものが現れ、現在のランレーム村の草分けとなったのだという［北原 1990］。

こうした開拓移住は、福井も指摘しているように、普段からの村々をつなぐ人や情報のネットワークと不可分である。実際、タイでは、都市といわず農村といわず、よく人が動く。特に、未婚の男子は、「遊びに行く」（pai thiao）、「嫁探し」（len sao）といって、行く先々で友人をつくりながら伝手をたどって旅をする。一定期間、賃労働に就いたり、婿に入ったりという場合もある。あるいは、商人や僧侶が村々の間を動き回る。そうしてさまざまな情報が行き交い、人的なネットワークがつくられる。開拓移住に関する情報はそのようなネットワークを通じて集められる。

この「人がよく動く」ということは、居住や相続に関する習慣とも関係している。東北部、中部ともに、結婚後は、妻の両親と同居するのが一般的である。しばらく同居した後、妻の両親の屋敷地内に独立した家屋を建てる。理念形としては、長女から順にそうして独立してゆき、末娘は最後まで両親と同居して、死後はその住居を相続する。すると、同じ屋敷地内に、姉妹の家族がそれぞれの家屋を構えることになる。娘たちの家族は、両親の農地を分配されるまで、共同で耕作し、同じ倉の米を食べる。それ以外の家計はそれぞれ独立しているので、いわゆる大家族とも核家族とも異なる。これを水野は「屋敷地共住集団」と呼んだ［水野 1981］。このように、基本的には農地は女系で相続される反面、男子は積極的に故郷の村を出て、外の世界に求めることがよしとされる。だから、いろいろなチャンネルから情報を集めて、機会をつかもうとする。

一九六〇年代以降、北部と南部以外の商業伐採跡地に開拓農民が集まったのは、このような社会的な特徴が背景にあったのである。道路や交通機関が整備されたことで遠距離の移動が便利になり、情報がより広範に、短時間に行き交うようになり、開拓農民もより遠くから、かつ短期の間に集まってくるようになった。ドンデーン村からの移出先がせいぜい隣県のウドンタニやチャイヤプーム、さらにその隣のルーイ県あたりまでだったのが、東北部を飛び出して、ミャンマー国境に近いカンチャナブリーや東部沿岸のチャンタブリー、ラヨーンの森林地帯にまで押し寄せることになったのである。

8 「犯人探し」ではなく

このように、森林は、商業伐採とともに、農地への転換がおもな原因でなくなった。こう書くと、開拓農民が森林破壊の主犯であり、いかにも悪そうな印象を与える。確かに、開拓農民は、森を伐り開いて田畑にした。直接、手を下して森林を破壊したのは――その前に伐採されてはいたが、最終的に消失させたのは――彼らである。しかし、彼らだけを悪者扱いすることはできない。

先に書いたとおり、一九六〇年代から八〇年代にかけて、アグリビジネスはタイの経済成長を支えた柱のひとつだったのだ。その原料として、換金作物の栽培は政府によっても奨励された。つまり、間接的にではあれ、森林を開拓する農民の背中を押していたのである。この間、開拓農民による国有林の不法占拠や急速な森林消失は問題視されてはいた。しかし、後に詳しく検討するように、それを防ぐための措置はまったく不十分なものだった。共産ゲリラが跋扈していて、野放しにするしかない地域もあった。

当の農民たち自身にも悪いことをしているという意識はなかった。昔からみなそうしてきたように、生きてゆくために必要な糧を得るために森に入り田畑を開いただけだった。ただ、近代化が進展し、経済も成長するにつれ、社会全体で生活水準が向上する。トラクターが導入されるようになると、一人で耕作できる面積も広がる。人口も飛躍的に増加した。彼らが、便利になった生活を賄えるだけの現金収入を得るためには、より多くの森を伐り開くしかなかったのである。

森林は、経済成長の代償として失われた。その過程には、具体的に関与した人々がいる。しかし、そうした人々だけが森林破壊の「犯人」である、というのは間違いだろう。その恩恵は、平等ではないにせよ、社会全体が享受したのである。一九八〇年代後半になって、環境問題が人々の関心事となり、さまざまな社会運動が起きるまでは、もちろん急激な森林消失を危惧する声もあったのだが、それ以上に、発展と引き換えに森林がなくなるのもある程度は仕方がない、という考えが社会の趨勢としてあった。おそらく、その当時は、例えば政治家と癒着して、違法な伐採を行った実業家も含めて、それがそれほど悪いことだとは思っていなかった。というのは、一部の専門家を除き、森林が本当になくなってしまうなどとは想像もつかなかったからである。気がついてみれば大変なことになってしまっていたというのが多くの人の偽らざる心境ではなかったか。だから、今になって、あとづけで森林破壊の「犯人さがし」をするのは、正当だとはいえない。

ゴンカム村は、そのような中に合ってどちらかというと、森林を破壊しなかった人々だといえる。破壊しなかったから森林が残り、国立公園になってしまった。そういう意味で、一種の被害者だといえるかもしれない。いずれにせよ、タイ、あるいは東北部の農村の一般的・典型的なケースではない。しかし、だからこそ、この村が政府の森林管理のなかでどのような扱いを受けてきたのか、そこにタイ社会の特質を見出せるのではないか。「犯人さがし」で農民であれ、政府であれ、誰かを悪者にするのではなく、社会全体のメカニズムとしてその特質を理解しておくことが、この森の中の小さな村を通してできるのではないかと思う。

第二章

「やわらかい保護」のメカニズム

——「国家保全林」の制度と運用

ゴンカム村には、少なくとも一〇〇年以上の歴史がある。その間、村人は田畑を耕し、けものを追い、タケノコを採って、村で暮らし続けてきた。にもかかわらず、国立公園にされてしまった。村の存在そのものが「違法」にされてしまった。かといって、国立公園は強権的なやり方でこの古くからの住人を排除することなく、昔ながらの、自然を著しく劣化させることのないような暮らしぶりならばよいだろう、と裁量的に許してきた。実は、一九九一年に国立公園に指定される前から、ゴンカム村、パーテム国立公園を含む一帯は、国家保全林として、国が独占的に管理する林地だった。つまり、ゴンカム村は、その当時から「違法」だったが、ただただ、野放しにされていたということである。

国家保全林のなかに囲い込まれた水田を、家族が増えるにつれ、広げていった。家を建てるのに、国家保全林から材木を切り出した。農閑期には国家保全林のなかに牛や水牛を放牧し、時折、森のなかに見に行った。鉄砲とカゴを持って。リスやトカゲ、キノコやタケノコ、その日のおかずになりそうなものを、やはり国家保全林で獲っていた。でも、誰も、そこが「国家保全林」であり、そこでしていることのすべてが違法だなどとは意識すらしなかった。国家保全林というのは、それくらい、野放しだったのである。一九九一年に国立公園に指定されて、村人たちは初めて「保護」というものに出会った。年に数回、上空をヘリコプターが見回りにくるようになった。レンジャーの詰め所もできた。それでも、昔ながらの暮らしのかなりの部分は、そのまま続けることを黙認されたが、森のなかで鉄砲を持って歩いているところ、運悪くレンジャーに遭遇し、高額の罰金を支払うはめになった人もいる。

野放しにされたのはゴンカム村だけではなかった。ただし、ほかの多くの地域では、野放しにされてなお、ゴンカム村のような昔ながらの暮らしが続いたわけではなかった。広大な森林が、伐採会社によって高価な樹木が持ち去られたあと、農民たちによって開墾され、トウモロコシやキャッサバのような商品作物を栽培する畑に変わった。結果として、急速な森林消失を招いたのも事実だ。行政とは別に、資本主義という「区切る論理」が席巻したのである。しかし、同時に、この野放しの国家保全林が、「やわらかい保護」の基礎となったのである。

まず、現行のタイの森林管理のあらましと、それが作られた経緯を踏まえたうえで、特に、一九六〇年代以降のタイの森林管理の中核であった「国家保全林」の制度と実態を詳しく見てみよう。では、そのメカニズムとはどういうものだったのか。そもそも、建前としてどういう仕組みで、実際にはどのように運用されてきたのか。どうして、このように野放しなものになったのか。社会的装置としての「やわらかい保護」の基本的な構造もまた、そこに隠されている。

1 国家が森林を「区切る論理」——森林管理の制度のあらまし

法律上の「森林」というフィクション

タイの森林管理を考えるときに、まず注意すべき点は、森林管理の制度がいう「森林」とは、必ずしも、樹木が茂る、生態学的な意味での森林ではない、ということである。「森林法」(Phrarachabanyat Pamai Pho. So. 2484)は、「森林」を「いかなる私人の権利も存在しない土地」(三条)と定義する。大雑把に言えば、「持ち主のない土地は、木が生えていようがいまいが、全部、森林」ということだ。「公共用地」として登録されている土地、例えば、村落が管理する埋葬林や鎮守の森のほか、学校や役所の敷地なども、私人の土地に対する権利が存在しないので、法律上は「森林」となる。

ゴンカム村の家々や水田など、村人が使ってきた土地のうち一部は、後述のSo Kho 1という利用の申告を行っている。まったく何の届け出もなされていない土地もたくさんある。いずれにせよ、So Kho 1だけでは法律上の土地に対する権利とはみなされないから、法律上はみな「森林」となる。一〇〇年以上にわたってここで人々が暮らしを営んできた。集落やそのなかの家々、水田、放棄された元の焼畑地、このほか、第六章で詳しく論じるが、岩盤が露出したような地形もあるし、ひとくちに森といってもいろいろある。これらすべて、法律上は一律、「森林」となる。

このような法律上の「森林」はすべて国有となる。これには明文規定があるわけではないが、一般論として、国土はすべて国王のものである、という観念から、法律による私人の権利――これも、国王から許可されているという建前なのだが――がなければ、自動的に国有となる。国立公園、野生動物保護区、国家保全林を指定するときには、この「国有林」から生態的な意味での森林を選んで線引きをするのである（図2-1）。

これに対して、法律上の「農地」は、土地法上、何らかの権利がある土地、つまり私有地である。タイでは、宅地、農地、商用地、といった細かい地目の区別はないが、長らく、国家による近代的土地所有権の認証や証書の発行は、事実上、都市部の宅地や商用地に限られていた。農村部で近代的土地権利の認証が行われるようになったのはそれほど昔ではない。農民は、「持ち主のいない土地は、早い者勝ち」というのを柱にした慣習的なルールで「チャップチョーン」といわれる土地の占有を行い、その売却や相続を行ってきた。ここでいう「持ち主」には、国家のような生身の人間でないものは含まれない。

農村部で近代的な土地権利の認定は、実質的には、「土地法典」（Pramuan Kotmai Thidin）とその「施行法」（Phrarachabanyat Kan Chai Prayot Pramuan Kotmai Thidin）に基づき、一九五四年に「土地占有報告」（kan chaeng sithi

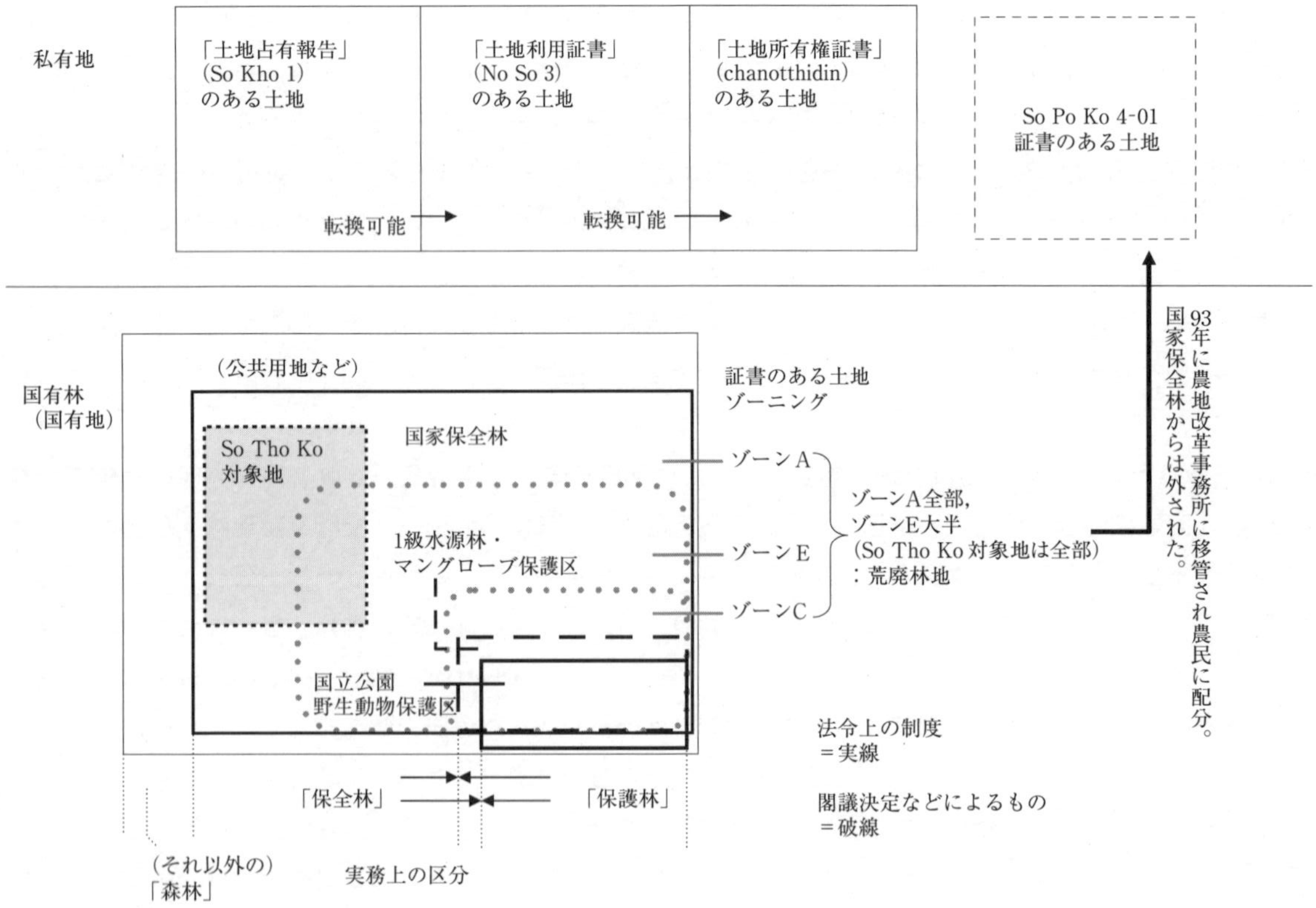

図2-1　タイ森林・土地制度見取り図

khropkhrong thidin 通常、So Kho 1と呼ばれる）を受け付けたところから始まったと考えてよい。これは、あくまで、将来、土地権利を認定するまでの準備段階として、手始めに、占有者の自己申告を受け付け、それに応じて発行された書類である。「その時点で占有しているという主張を受け付けた」という意味しかなく、その土地の権利が認定されたことにはならない。ただし、実際には、土地権利を証明する公的な書類の一種とみなされている。現在でも、So Kho 1のままでそれを根拠に所有・耕作されている土地も多く、村人の間だけでなく役所に対してもそれで通用しているのが実情である。

So Kho 1の申告者には、その後、郡役場による審査を経て「土地利用証書」（nangsue raprong kan tham prayot 通常、No So 3と呼ばれる）が交付される。さらに、測量を行い完全な「土地所有権証書」（chanot thidin）の交付を受けることも可能である。

以上のような、土地法上、何らかの権利をもつ土地は森林法上の「森林」ではない。仮に国立公園、野生動物保護区、国家保全林の指定時にこうした土地が含まれても、事後的に無条件で除外される。これはNo So 3には適用されるが、単に占有しているという申告を受け付けたに過ぎず、法律上の権利を認証するのものではないSo Kho 1は対象とならない。しかし、So Kho 1受付時に周知徹底されず、古くからの農地でも、つまり、本来、So Kho 1の申告を行いNo So 3証書を受ける資格があったのに、そのような公的な認証を受けないまま慣習的に所有・耕作され続けてきたものも多かった。それが、国家保全林に、さらには国立公園や野生動物保護区の中に囲い込まれてしまったのである。加えて、指定後に開墾された部分も相当ある。

近代的土地所有権の導入で、私有地と国有地（＝国有林）の線引きが行われた。国有林にはさらに国家保全林、国立公園、野生動物保護区などに指定されていった。しかしこれは「フィクション」に近く、農民の慣習的農地所有や開墾が続いた。一見すると、単なる違法行為の放置、ガバナンスの欠如のように見えるが、実は、これが、「やわらかい保護」の基礎になったのである。

ゴンカム村では、一部の土地については、So Kho 1を申告した村人もいた。しかし、それをもとにNo So 3を取得したケースは結局、なかった。その後、国家保全林に指定され、六〇日間の異議申し立て期間を過ぎた後は、何の権利をも法的には主張できなくなってしまった。しかし、村人たちは、そのことに全く気づきもせずに暮らしてきた。法的な権利認証など全く意味のないことだった。一九七三年に国家保全林に指定されたころは、まだ、村の周りに、慣習的な意味で「持ち主のいない」森林が残っていた。しかし、その後、村人たちはチャップチョーンを進め、現在では、耕作可能な土地にはすべて「持ち主」がいるチャップチョーンしておいた森を、必要に応じて、冒頭の呆けた老農夫のように何の疑問も後ろめたさもなく、こつこつと開墾していった。もちろん、何の法的な根拠もない。

「森林」「保全林」「保護林」

さて、このような法律上の森林をさらに細かく分類し、誰がどう使うかを決める「区切る論理」と、それを実現してゆく仕組みが森林管理の制度である。まず、現行の森林管理の制度を概観しよう（図2-1）。タイの現在の森林管理制度は、四つの法律、「森林法」（Phrarachabanyat Pamai Pho. So. 2484）、「国家保全林法」（Phrarachabanyat Pa Sanguan Haeng Chat Pho. So. 2507）、「国立公園法」（Phrarachabanyat Uthayan Haeng Chat Pho. So. 2504）、「野生動物保護法」（Phrarahcabanyat Sanguan Lae Khumkhrong Sat Pa Pho. So. 2535）、及びいくつかの閣議決定が基礎となっている。これら各法律の条文中には互いの関係が明示されていないので、各々の文言を読み比べただけでは全体像はつかみづらいが、森林行政の実務では、法令上の保護の厳格さに従い、「保護林」

「保全林」「（それ以外の）森林」という三区分に整理するのが通例である。

「保護林」（pa anurak）では、経済目的での利用は原則として行わず、「原生自然」として厳格に保護される。「保護林」に含まれる森林の範囲は、場合により以下の三段階に使い分けられている。まず、法律により規定された「国立公園」（国立公園法）、「野生動物保護区」（野生動物保護法）である。これが中心である。これに、閣議決定による水源林のランク分けで最上級の「一級水源林」、及び「マングローブ保護区」（特に前者）が加わる場合がある。さらに、これらすべてを含み、より広い、後述の一九九二年ゾーニングによるゾーンC全体を指す場合もある。しかし、法律による国立公園、野生動物保護区以外は、ガイドライン的要素が強く、明文による具体的な規制や罰則はないので、日常的な地域住民との関係では「保全林」と同様に扱われる。[1] また、一級水源林と国立公園、野生動物保護区の多くは重複している。

「保全林」（pa sanguan）は、国家保全林法により指定された国家保全林の内、「保護林」ではない部分である。自然林のほか、ユーカリやアカシアの造林地も含まれる。自然林では伐採は許されないが、「保護林」ほど厳格に規制されておらず、許可を受ければ木材以外の資源利用は可能である。

「（それ以外の）森林」は、三区分の全てをカバーする「国有林」、つまり、森林法による「森林」の内、「保護林」「保全林」を除いた部分である。

　上記の「保護林」「保全林」と類似の森林区分に一九九二年の国家保全林のゾーニングがある。これは、全国の国家保全林を、ゾーンC（保護林）、ゾーンE（経済林）、ゾーンA（農業適地）に分類するものである。このうち、ゾーンAのすべて、およびゾーンEで回復できないほどに荒廃してしまった林地、もはや森林の状態ではなくなった土地は、一九九三年に農地改革事務所に移管され農民に分配された。ここでの「ゾーンC」には、法律、閣議決定によるものに加え、国家保全林の内、保護すべきと判断された森林が含まれるので［森林局 1992：17–21］、前述の「保護林」よりやや広くなる。しかし、すでに述べたように、実務では、国立公園法、野生動物保護法、国家保全林法、森林法という法律上、どのような利用・資源の採取が許されるかという規制の強弱がより重視されている。本書でもこれに従う。これが、タイでの建前としての国家による「区切る論理」の骨格である。

森林局の機構

二〇〇二年一〇月の行政機構改革まで[2]、これら森林管理を一手に担ってきたのが森林局である。「区切る論理」を実現するための仕組みの中核である。「森林局」（krom pamai）の機構は、まず、「中央部」（suan klang）と「地方部」（suan phumiphak）に分かれる。地方部としては、各県・郡にそれぞれ、「県森林事務所」（samnak ngan pamai changwat）、「郡森林事務所」（samnak ngan pamai amphoe）が置かれていた。これらは、内務省の地方統治局の系統に属する県知事、郡長の指揮・命令下にあった。中央部には、局長、副局長以下、「部」（samnak, kong）、「課」（suan）、「係」（fai）という階層構造になっている、バンコクの本部のほか、「地域森林事務所」（samnak ngan pamai khet）が全国に二一ヶ所置かれていた。地域森林事務所は、名称の通り、地方に点在している。しかし、内務省管轄の地方行政に属さないので「中央部」となる。

「地方部」、及び、地域森林事務所は、国立公園と野生動物保護区を除く、各地方での森林管理の実務を協力して行っていた。許認可や一般業務は、県・郡森林事務所が実施機関、地域森林事務所が、助言・監督を行う、という役割分担で、このほかに、地域森林事務所が実施機関となる期間限定のプロジェクトもあった。こうした一応の役割分担はあったが、実際には、柔軟に共同で実務にあたっていた。

国立公園と野生動物保護区はバンコクの本部直轄で、それらの長は組織上は局長直属であった。地方行政の介入を全く許さない森林局の聖域であった。しかし、実務面では、特に区域内の住民への対策などで、地域・県・郡森林事務所と協力することも多かった。

ゴンカム村が属するナムテン区の中心、ナムテン村の隣のナーポークラーン村にも、ウボンラチャタニ地域森林事務所のプロジェクトの出先事務所があり、数人のスタッフが駐在していた。このプロジェクトは、村人たちが身近な森林を管理・利用する「コミュニティ林」を普及・促進する趣旨のものだった。国立公園の内部にあるゴンカム村は、残念ながら実質的には彼らの活動範囲には入らなかったが、国立公園の外側の村では、村人と協力してプロジェクトを進めていた。プロジェクトの一環として苗畑をつくり、植林を行ったりもしていたので、そのために近くの村人を雇ってもいた。ウボンラチャタニの町にある県森林事務所と地域森林事務所には、ともにコミュニティ林に関連する部署があった。現地で村人にさまざまな申請などについて相談されれば、国立公園事務所も含め、該当する部署にそれぞれ話を通すというように、現場ベースで動いていた。彼らはほとんど互いに顔見知りで、主要な職員はみなカセサート大学林学部卒という先輩後輩の関係でもあったので、組織の枠を越えた柔軟な対処がしやすい雰囲気があった。何かというと連れだって一杯やるという具合である。

二〇〇二年一〇月の行政機構改革により、それまでの森林局から、「国立公園・野生動植物保護局」(krom uthayan haeng chat sat pa lae phan phuet)、「海洋沿岸資源局」(krom saphayakon thang thale lae chai fang)、が分離した。これに伴い、郡森林事務所は廃止され、地域森林事務所は全二一ヶ所が国立公園・野生動植物保護局に移管され、名称も「第一~第二一保護林管理運営事務所」(samnak borihan chatkan nai phuen thi pa anurak)に変更された(3)。森林局と、分離した二つの局との所掌事務の分配や引継ぎがスムーズに進まず、一部の事務やプロジェクトで中断・停滞が見られた。

2 「国家保全林」にいたるまで——国家が森を「区切る論理」の発展過程

タイにおける国家による森林保全の始まり

一九世紀なかばにイギリスの会社がチェンマイなど北部でチークの伐採を始めた。当時、森林は各地の領主の私的財産だった。この領主が、同じ森林での伐採権を複数の会社に与えるということがよくあり、外交問題になりかねない状況だった。

ラーマ五世王の時代には、これら旧来の地方領主の権限を奪い、近代的官僚制の導入と中央集権化が進められた。この一環として、一九八七年の「地方国主法」(Phrarachabanyat Phu Raksa Mueang) や、「チーク及びその他の木材への課税に関する勅諭」(Phraboromarachaongkan Wa Duai Kan Phasi Mai Khon Sak Lae Mai Kraya Loei) により、中央政府が地方の森林管理にも介入するようになった。一八九六年には森林局が設置される。その後、一九〇一年までに森林は完全に中央政府・森林局のコントロール下に置かれるようになった [森林局 1968 : 1–10]。

初期の森林管理のための制度はチークの管理に集中していた。森林保全が初めて行われたのは、一八九七年の「森林保護令」(Prakat Kan Raksa Pamai) によってである。これによって、伐採してよいチークのサイズが制限されることになった。一九一三年の「森林保護法」(Phrarachabanyat Raksa Pa) では、コントロールの対象となる樹種がチーク以外にも広げられ、「禁制樹種」(mai huang ham)、「禁制林産物」(khong pa huang ham) が指定され、保全の対象となった。この「森林保護法」は、現在につながる法律上の「森林」の定義を定め、大臣（当時 senabodi）に伐採禁止区を指定したり、森林の開墾を禁止する命令を出したりする権限を与えた（第五条）。とはいえ、この頃は、経済的に価値のある樹木そのものを囲い込むこと、言い換えれば、人々が勝手に切るのをやめさせて国家が独占することに主眼が置かれていた。森林全体を区切り、分類・整理するというより、直截に、高く売れる樹木に「つばをつける」という、まるで村人がチャップチョーンするような素朴な「区切る論理」だった。

一九一六年には、森林局が「森林保全法」（Prarachabanyat Sanguan Pa）の法案を提出した。これが、森林を土地として区切って、面的に囲い込んで保全しようという初めての試みだったが、結果的には成立しなかった。この法案が通過することを見越して、それぞれの「地域森林事務所」（pamai phak）は、保全林とするべき森林をリストアップし、前倒しで、県知事や当時、その上位に置かれていた、複数の県を統括する州の長官の名で指定していった。結局、法案は実現しなかったが、前倒しですでに始められていた保全林の指定は、「暫定」のまま「森林保護・保全法」（Phrarachabanyat Khumkhrong Lae Sanguan Pa）が成立した一九三八年まで続けられ、最終的に八三箇所、約七〇〇〇平方キロメートルに至った［森林局 1996 : 61］。

しかし、この「暫定」の保全林の指定は、実際に森林を保全する上ではあまり効果がなかったようだ。まず、面積的にごくわずかだった。また、一九一三年の「森林保護法」とほぼ同時に、その細則として、「雑木」（mai kraya loei チーク以外の樹種を意味する）管理の規則が定められたのだが、人員不足のため、これが実施されたのは、重要な樹種のある四、五の州だけだった［森林局 1968 : 23］。元森林局長のモームチャオ・スープスックサワット・スックサワットは自らの南部での経験談を以下のように記している。一九一七年から二四年まで南部のソンクラー地域森林事務所で勤務していた。ソンクラー地域森林事務所は、当時のナコンシータマラート州とパッタニー州、つまり南部の森林の大半を管轄していたことになる。彼は、いくつかの州の長官と掛け合って、州の長官の権限で保全林を指定し、郡の役人、カムナン（区長）、村長に、指定された森林を守るよう命令を出してもらった。しかし、一九三八年に森林保護・保全法が施行されたときには、そのほとんどが荒廃してしまっていたという［Mom Chao Suepsuksawat 1976 : 97］。

森林保護・保全法

この一九三八年の森林保護・保全法は、森林をその土地ごと面的に囲い込んで保全するための法的な枠組みとしては初めてのものだった。制度の構造の上でも、その後、一九六四年に制定される国家保全林法の前身となったが、国家保全林法と異なる点は、「保全林」（pa sanguan）と「保存林」（pa khumkhrong）という二つのカテゴリーを設けていたことである。

全部で四章二六条という構成になっている。はじめに第一～四条で語句の定義などを行い、続く第一章（第五～九条）で「保存林」について、第二章（第一〇～二一条）で「保全林」について、それぞれ定めている。

指定を行う際には、県代表、郡代表、森林局代表、各一名からなる委員会を設置する（第五条）。委員会は、事前に予定地内での私人の用益の有無を調査し（第六条）、カムナン、村長、住民、用益者を集めて会合を開き、保存林・保全林の境界などについて説明をしなければならない（付帯省令一項 kho）。予定地内に私人の用益が確認された場合、委員会が引き続き用益を認めるかを審査する。公共の利益のため認められないと判断された場合、補償金を支払う（第六条、付帯省令三項）。事実上の用益ではなく、土地法上の権利が存在する場合、大臣に報告の上、土地収用の手続きをとる（省令五項）。指定は政令で行われる。地図を付して官報に記載し、県庁、郡役場、カムナンの執務所などに公示する（第七条）。保全林には、境界を示す標識や看板を設置しなければならないが（第一〇条）、保存林の場合は自然物で代替してよい（第七条）。

保全林、保存林とも、土地占有、開墾、火入れは禁止される（第八、一一条）。保全林には「担当官」（pha-nakngan chaonathi）が設置される。区域内での木材伐採や林産物採取には、基本的に、全て「担当官」の許可が必要となる。このほか、「担当官」は違反の取締りや逮捕の権限を有する（第一二、一三、一四条）。保存林では「担当官」は設置されず、他の法律に従った木材伐採や林産物採取はそのまま継続できる（第八条）。

しかし、「担当官」は、森林局の県・郡レベルの事務所の長など高位の役人なので、彼ら自身が森林を歩き、パトロールするわけではない。実際に、森林の近くの村落などに常駐して取締まりを行う機関としては、一九五二年に「フォレスト・レンジャー」（pamai khwaeng）が設置されたのが最初である。ただし、フォレスト・レンジャーは保全林、保存林のために特に設けられたものではなく、商業伐採区域ごとに設置され、伐採地を中心に国有林全般の管理・取締りを担った。その後、フォレスト・レンジャーは、商業伐採制度の変更に伴い、第一次国家経済開発計画の下、一九六一年に設置が始まる「森林防護署」（nuai pongkan raksa pa）に移行する［「年次報告書」一九六六年：52–53；一九六七年：58–60］。これに加えて、その地域の公務員身分を持つ森林局職員や、警察官、副郡長（palat amphoe）以上の内務省地方統治局系の役人も、森林法規全般の違反を検挙する権限を持っていた(4)。

森林を国家が区切り、独占的に管理する態勢が徐々に整えられてきたのだが、実質的には、後述のように保全林、保存林の指定がほとんど進まず、有名無実だった。

森林保護・保全法から国家保全林法へ

森林保護・保全法はその後、一九五三年、一九五四年の二回、部分的に改正される。一九五三年のおもな改正事項は、指定の際の委員会にカムナンを含むことや（第二版第三条）、申請に応じ、保存林、保全林内での一時的な居住、利用を許可する（第二版第四、五条）といったことである。また一九五四年のおもな改正事項は、保存林、保全林の指定・解除が、政令から省令に変更されやことである（第三版第五、六条）。

こうして、面的な森林保全の制度は整備されたのだが、保全林、保存林の指定はなかなか進まなかった。一九五四年までに指定されたのは、保存林が二四〇ヶ所、三万三五三八・六平方キロメートル、保全林はわずか八ヵ所、四八四・九八平方キロメートルでしかなかった［「年次報告書」一九五四年：33］。国家保全林制度に移行する直前の一九六二年には、保存林三万三九八〇・〇五平方キロメートル、保全林一万三八九〇・〇八平方キロメートルだった［「年次報告書」一九六二年：42］。一九五二年の年次報告書によれば、保存林から保全林にという二段階の指定では手間や経費の無駄が多いので、手続き的要件が厳しく指定がゆっくりにはなるものの、一度に保全林に指定してしまう方針に切り替えたという［「年次報告書」一九五二年：136］。保存林、保全林面積の推移を見ると、一九五三年以降、保存林の指定が鈍化している。保全林の指定は一九五八年以降急増している（図1–2）。

一九五二年に農業省が閣議に提出した「林業改善五ヵ年計画（khrongkan prappung kitchakam pamai 5 pi pho. so. 2495）」では、国土の約半分（二七万平方キロメートル）の森林の保全を掲げていたが、予算配分は不十分だった［「年次報告書」一九五二年：136］。結果として、国土の半分という目標にはほど遠く、保存林、保全林の指定はゆっくりしたものだった。

一九五八年にサリット政権が成立し、本格的な開発政策が始まると、森林だけでなく、国土全体を分類し、区切るという作業が進められた。一九六〇年の閣議決定に基づき、国土全体の総合的開発のため土地利用の分類とそれに従った線引きが行われた［森林局 1968 : 87, 147］。また、一九六一年に始まった第一次国家経済開発計画では、国土の約半分に相当する二五万平方キロメートルを森林として保全することが明記された［国家経済開発委員会事務所 1961 : 38］。一九六〇年から始まった、国土の約五〇パーセントを目途にした「永続林」（pa thawon）の指定も一九六三年におおよそ終わり、一九六四年に国家保全林法が制定されると「永続林」を国家保全林に指定する作業が始まった。国家保全林法では、保全林を指定する際の手続き要件が簡略化されたため、保全林の指定が一気に加速した（図1−2）。なお、国家保全林の指定は、その後、一九八〇年代末まで行われている。

この一九六〇年代初頭には、国家保全林法以外に加えて国立公園法や野生動物保護法も制定され、現在に至る森林管理の骨格が作られた。「科学的林業」による林産資源の利用を主眼とした国家保全林はその中核であり、これは一九九〇年前後に森林管理の主目的が自然保護に変わるまで続くことになる。

いよいよ、国土の半分という大規模な「区切る論理」が本格的に導入された。有名無実なものではなく、特に国家保全林の指定は飛躍的に進んだ。地域社会への影響もさぞや大きかっただろう、かと思えば、そうではなかった。すでに述べたように、村人たちは、それまでと同じように、慣習に基づき、チャップチョーンによる森林の占有と開墾を繰り返し、生活に必要な物資を自然から獲ていたのである。多くの地域住民にとって、国家保全林そのものは、あってなきがごときであった。どうしてそうなったのだろうか。一つは、国家保全林法を中心にした制度そのものに内在する原因があった。加えて、現場での運用の実態もそれに拍車をかける部分があった。

3　国家保全林法――制度の構造

国家保全林が続々と指定されていったにもかかわらず、地域住民の暮らしにほとんど影響を与えなかった、言い換えれば、実効性の薄いものになったのはどうしてなのか、という点を考えながら、まず、制度としての構造を見てみよう。これはあくまで、建前でしかないのだが、すでにそのなかに実効性を危うくするようなポイントが含まれている。

指定

一九六四年に制定された国家保全林法は、他の法律と同様、まず、語句の定義を行った後、指定、管理・保全、罰則、経過措置つき、順に各一章を設けて定めている。

国家保全林の指定については以下のように定めている。まず、従来の森林保護・保全法下での保全林はそのまま自動的に国家保全林に移行する。それ以外の場合、森林保護・保全法下での保存林だった場合も含め、国家保全林の指定は指定区域を示した地図を伴った省令により行う（第六条）。国家保全林の区域変更や廃止も同様である。

省令により指定した後、標識や看板などで境界を明確にし、郡役場、カムナンの執務所、各村において公示する（第八、九条）。また、指定の後、その保全林に対し、国家保全林委員会を設置する。この委員会は、森林局のほか、内務省の統治局と土地局から一名ずつの代表、さらに、農業協同組合省大臣が選んだ委員二名から構成され、標識や看板の設置や公示の事務管理のほか、下で述べるような国家保全林内で指定以前からの土地法典上の根拠を持たない事実上の土地の占有だあったという訴えがなされた際にその審判を行う（第一〇条）。

国家保全林に指定された区域内に、指定前から、土地法典上の権利以外の事実上の占有や利用を行ってきた者は、その利益保全を指定より九〇日以内に郡長もしくは副郡長に申し出ることができる。郡長もしくは副郡長は上記の委員会に送付し審査を行う（第一三条）。委員会の審査に不服な場合、大臣に上訴することができ、それが終審となる（第一二条）。土地法典上の権利を有する場合はこの規定は適用されず、当該権利は自動的に保全される（第一二条）。

このように、指定の手順から従前の占有や利用の調査が省かれた。つまり、地理的な測量だけでまず指定してしまい、保護されるべき占有や利用には事後的に救済するという対応に変更したのである。しかし、同法上、事後的救済の手段は補償金しか示されていない（第一三条）。後述の「担当官」として県知事や郡長が様々な措置をとることは可能だが、運用次第では従前からの地域住民の生活環境を破壊する可能性を秘めている。

規　制

国家保全林内の規制としては、まず、森林法上認められた木材伐採と林産物採取以外、占有、居住、火入れ、伐採、林産物採取など森林を荒廃させる一切の行為を第一四条で原則的にすべて禁止しておき、第一五〜二〇条で利用の許可とその手続きについて定めるという形をとっている。この第一五条以降の利用の許可についての条項は後年の森林政策の変更に応じて改変されているものの、以上のような大枠は維持されている。以下、重要な改正については明示する。

国家保全林の利用などは、全て、森林局もしくは農業協同組合省の許可を得なければならない。許可権限者は事項により異なる。禁制種（材木、林産物）の採取は、その都度、当該保全林の「担当官」（後述）から許可を受ける（第一五条）。私人による一時的な利用・居住は、大臣の承認を得て局長が許可する（第一六条）。そのほか、学術・教育目的での使用は局長が許可（第一七条）、国家保全林内の通行や放牧は局長が規則を制定（第一八条）、管理維持のための行為は、局長が「担当官」に命令（第一九条）、荒廃林での私人による育林や植林は局長が大臣の承認を受け許可する（第二〇条）、とそれぞれ定められている。

禁制種の採取や利用・居住といった、地域住民が関わるような事項については、実務上、郡森林事務所が受け付ける。さらに県森林事務所を通じ、最終的に局長の決裁を仰ぐ。

実効性の確保

国家保全林が指定されると、農業協同組合省大臣により、その保全林の「担当官」（phanakngan chao nathi）が任命される。通常、森林局長、該当する国家保全林が位置する県の知事、管轄の地域森林事務所長、郡長からなる。この担当官は保全林を管理・保全する役割を担う。法令に違反する者を保全林から退出させる、違反行為を停止させる、是正命令を出す、緊急時に適切な対応をとる、といった権限を有する（第二五条）。しかし、森林保護・保全法と同様に、「担当官」に含まれる行政官は、いずれもその地域で高い地位にあり多くの所掌事務を有する。自分自身が現場で実際に管理・保全活動を行うわけではない。

実際には、森林関連法規全般の違反を取締まる権限を持つ当該地域の森林局職員や警察官、副郡長以上の地方統治局系の役人が、現場レベルでの取締まりや違反者逮捕にあたることが想定されていた。その中でも中心的役割を果たしたのが「森林防護署」(nuai pongkan raksa pa)である。しかし、森林防護署は、国家保全林だけでなく国有林(=森林法上の「森林」)全般の取締まりや逮捕を任務としている。また、森林防護署は、「プロジェクト林」(pa khrongkan)と呼ばれる木材伐採の区域ごとに設置され、各伐採地の森林管理が主目的とされていたという。従って、制度上、国家保全林に特化した実効性確保のシステムは規定されていないということになる。

森林法との関係

以上のような国家保全林法による国家保全林の仕組みのなかで気になるのは、一見、規制項目の多くは森林法の規定と重複していることである。多くの森林局職員は、両法の違いにつき、国家保全林法は土地に着目したものであるのに対し、森林法は木材や林産物に関する規定である、と答える。立法の趣旨、および制度の全般的性質として、前者が面的保全を、後者は禁制種の保全を主眼にしたものであることは既に述べた通りである。

森林法は一九四一年に初めて制定され、その後、何度も改定が行われてきている。しかし、基本的には、「土地法上のいかなる権利者もいない土地」を「森林」(pa)と定義し、そこでの活動の制限、および許可の方式などを定める。特に、禁制種の木材や林産物の採取、土地の占有、火入れなどを許可なく行うことは禁止されている。このように、森林資源の有無に無関係に「森林」を定義し、そういう「森林」の占有を禁止するというのは、森林法が単純に林産物保全だけに特化したものではなく、土地そのものを囲い込む要素も含んでいるということである。

国家保全林でも、「森林」の定義は森林法に準じており(第四条)、森林法上の「森林」以外の土地が国家変わらないのであれば、法的には、面的に国家保全林に指定する意味はない。

国家保全林法と森林法との規制の違いは、森林法上、伐採・採取が規制されるのは禁制種だけであるのに対し、国家保全林法では、禁制種か否かに関わらず林内の全てのものが規制の対象となる点だけである。火入れ、開墾、土地占有を無許可で行うと違法になるのは両方とも共通である。ただし、森林法では一九四一年の制定当時には、一〇年以内の休閑地の火入れ、開墾は許可していた（第五四条）。これは、一九五一年の改定第二版で五年以内に短縮され、一九六〇年の改定第四版で廃止されている。

このように、国家保全林法と森林法の規制の上での違いはさほど大きくない。例えば、一九七九年から一九八一年までの森林関連の最高裁判所の判例集［森林局 1981］に収められた全二四件の内、国家保全林法独自の違反が問われた刑事事件は国家保全林内で無断で採石を行ったという一件だけである。さらに、下で述べるように、国家保全林独自の取り締まりやパトロールのシステムはない。国家保全林に指定することで林地の境界を明確にし、かつ固定するという効果はあったかも知れない。しかし、純粋に、森林保全のための制度としては、森林法に重複する国家保全林法の存在意義は依然として不明瞭である。

森を「区切る論理」として見れば、「ほかに誰も所有者がいない土地」としての「森林」という漠然とした区切り方ではなく、永久に森林として維持すべき土地という趣旨の国家保全林に指定することで、ほかの用途に転換しにくくなる。そういうより強い区切り方としての制度という位置づけのほうが理解しやすいかもしれない。

現実との乖離を産んだ制度の構造

国家保全林の指定が進んでも、地域住民の暮らしにはほとんど影響を与えなかった、国家保全林に指定されている土地の多くが実際には農地になってしまっている、という制度上の建前と現実の乖離がなぜ生まれたのか。このような国家保全林の制度の構造そのものの中に、その要因を見出すことができる。一言でいえば、指定の段階で地域住民の利用や占有の調査を省略したにも関わらず、実効性を確保するための態勢が十分に用意されていなかったということである。

地域住民の利用や居住・占有の実態を尊重せずに線引きをしてしまうのであれば、線引き後に実態を制度に合わせるために大きな労力を払う必要がある。つまり、強権的に、一方で、法律上の根拠を持たずに区域内に居住する住民を移住などの方法で整理し、他方で、取り締まりや逮捕の体制を充実させる。ことの是非は別にして、そうすれば、制度と現実の矛盾は回避できる。しかし、国家保全林法にも、関連するほかの制度にも、そういう強力な措置をとるためのシステムは整備されなかった。結果として、国家保全林指定によって「不法占拠者」とされた、それ以前からの住民の多くがそのまま放置されることになった。そのために、さらに、そうした指定前からの住人と指定後の侵入者との区別も困難になった。

このような国家保全林制度は、ヴァンダーギースト［Vandergeest 1996a］が言うような、地域住民を排除する、国家による森林資源の「領土化」といえるだろうか。制度としての建前のみ見てみよう。土地法上の根拠を持たない事実上の利用や占有に対して、指定後九〇日以内の申告に対する金銭的補償しか認めていない点などは、その土地に長く暮らしてきた住民の排除と言えるかも知れない。しかし、論理的には、一九四一年以来、森林法により新規の開墾、占有が禁止されており、さらに一九五七年の土地法典により、それまでの占有地に対してはNo So 3という法的な権利証書を取得する機会が用意されている。従って、制度上、合法な占有、利用の権利は侵害されないはずである。木材をはじめ各種林産物も許可を得れば採取が認められる。よって、必ずしも地域住民の森林や土地の既存の利用を剥奪するものとはいえない。

もちろん、実際には、古くからの村落や耕作地であっても、法律を知らなかったり、遠隔で交通不便なため法律上の手続きを踏んでいなかったりすることが多かった。また、地域住民による林産物利用の許可申請は煩雑な上、許可される見込みは薄かった。外部の資本家によって多くの資源が収奪されたことは周知の事実である。

それ以上に、国家保全林は、制度的なつじつまだけを合わせた「画に描いた餅」だった。地域住民の日常的な森林利用の実態とはかみ合わないものだったにもかかわらず、そうした実態を強力に変えようともせず放置したのである。

4 「区切る論理」と現実の乖離——国家保全林の運用

国家保全林指定の進行

国家保全林制度が一九六四年から実施されると、その前身だった森林保護・保全法より指定の手続き要件が緩和されたことも手伝い、保全林の指定は加速した。しかし、他方で、森林破壊は急速に進行し、国家保全林と実際の森林被覆との乖離はどんどん広がった。先にも述べたように、そもそも制度の構造自体が招いた結果でもある。しかし、それだけでは十分な説明とはいえない。どのような制度でも、制度である以上、一定の「縛り」はあるが、必ずしも、その建前の通りに運用されるわけではないからだ。国家保全林という制度に内在する制約の下で、実際に、森林局という組織、もしくは、現場の職員たちはどう動いたのだろうか。

国家保全林の指定は法律が発効した一九六四年から直ちに行われている。それまでの森林保護・保全法下での保全林は、自動的に国家保全林に移行した。いくつかの手続き的な補充により保存林からの保全林への移行も進められた。また、すでに測量などの作業が進行していた区域もあったので、制度の変更により中断することなく円滑に指定が進んだ。一九六〇年代より、ウボンラチャタニ地域森林事務所管内（現在の、ウボンラチャタニ、シーサケット、スリン、ヤソートン、アムナートチャルーンの五県）各地で、国家保全林指定の実務に従事したという森林局職員が当時の作業の様子を語ってくれた。

当時、一九六四年の国家保全林法成立より五年以内に、管内の全ての永続林を国家保全林に指定する作業を終了させよとの指令があったという。そのため、とにかく急いで測量を済ませる必要があった。測量時には、村長やカムナンと協調して行ったが、実地調査では、境界沿いを重視し、区域内の奥のほうまで入ってゆくことは少なかったという。国境沿いなど、危険でアクセスの難しい地域は地図上で線引きをするだけの場合もあった。また、大きな村落の場合は測量により保全林区域から除外したが、森林の中に点在する数軒程度の集落の場合、意図的に除外しなかったという。森林法違反の国有林への不法侵入を正当化することになるからである。さらに、タイ東北部の水田には樹木が残されていることが多いが、そういう場合も「森林」とみなし、耕作地と認定せず、除外の対象にはしなかった。「森林」と「耕地」を明確に分ける制度と東北部の水田耕作の実態とがそぐわなかったのである(5)。

このように、国家保全林指定は、その内部に耕地や居住地があるのを分かっていながら、除外せず、保全林内に囲い込むように行われた場合も多かった。このことは、保全林指定を公示する官報の記事に添付された地図からも分かる。地図内に、村落の名前が記載されていながら、除外されていないのである。こうした拙速な指定の背景には、「とりあえず境界だけ指定しておき、区域内の集落や耕作地の問題は後から解決すればよい」という考えがあった。

法律には、指定後、九〇日以内に申告すれば補償する旨、定めてあり、さらに、保全林内の利用も許可申請が認められれば合法的に継続できる。しかし、地域住民の多くは法律の規定について全く知らず、遠隔地であったり交通不便であったりしたため、郡の森林事務所まで出向いて申請を行うことはなかった。森林局の側も、村々を回って説明して歩いたわけでもなく、また、九〇日を過ぎた後に取り締まりや強制排除を行うわけでもなく、従前のままの住民の暮らしを放置した。制度と実態との乖離が広がるままにしたのである。

ゴンカム村も、一九七三年に指定されたドンプーロン国家保全林に囲い込まれた村の一つだった。ドンプーロン国家保全林は一一〇三・二五六平方キロメートルあり、ゴンカム村だけでなく、現在のパーテム国立公園よりも大きな範囲にある多くの村落がそのなかに取り込まれた。事前調査によって村落周辺だけは除外されていたが、ゴンカム村のような小規模な村では耕地は除外されなかった。ゴンカム村の村人のなかには、国立公園の前に国家保全林にも指定されていたことをおぼろげながら覚えている人もいた。しかし、事前に森林局のほうから何らかの相談があったか、測量を行ったのかというような細かい点については、当時の村長でさえ記憶が定かではない。

一九五八年に現在の場所に移動していた集落は、ある程度の大きさになっていたのだろうか、前年の一九七二年に学校ができている。とはいえ、現在の七〇世帯の半分にも達していなかっただろう。まだ、自動車が通行できる道路はナムテン村までしかなく、フンルアン村を経てゴンカム村まで二〇キロメートル以上、徒歩によるしかなかった。トタン板などを担いで持ってくることはできなかったので、家は草葺き屋根だった。ナムプラーのようなもともとこの地域にはない食品も、遠方に出かけた者が持ち帰る以外は、普段、村には入ってこなかった。そういう僻遠のいま以上にささやかな村で、多くの者は小学校も出ていない、そこに国家保全林という「区切る論理」がやってきた。村人にとってそれが何か理解する余地などなかっただろう。また、その必要もなかったのである。確かに、国家保全林の指定と、指定後六〇日までに異議申し立てをしなかったことで、それ以前にSo Kho 1を申請していた者も含め、村人たちは法的にはすべての権利を失った。しかし、思い起こす必要もないくらい、日常生活は何も変わらなかったのである。当時、主な水田はすでに開かれていたが、それ以外の場所では焼畑による陸稲栽培のほうが多かった。不作で米不足のときには、当時はまだ豊富にいたシカやイノシシなど大型の野生動物を仕留めては、近隣の村々で米と交換したという。森を開墾し、火を入れ、大型獣の狩猟をする、いずれも森林保護の担当者が最も嫌う行為が放置されていた。国家保全林という「区切る論理」は、地図だけを区切り、実際の自然や森を区切り、整序することはなかったのである。

「つながりの論理」の放任――国家保全林管理の実務と地域住民への配慮

国家保全林は、単に樹木だけでなく、森林に覆われた土地全体を保全するという趣旨の制度だったが、実効性を確保するための仕組みが欠けていた。実際には、指定後の管理はほとんどなきに等しいものだったという。国家保全林の違法な占有が問題として表面化するのは、その土地が、伐採や植林、その他様々な事業の対象地となったときだけだった。それ以外の土地には、森林局自体の関心も薄かったという。

このような国家による実質的放任状態の下で、農民は、チャップチョーンと呼ばれる慣習的占有のルールに従って森林を切り開き農地の拡張を続けた。森林局はこうした慣習的占有、開墾を放置した。現実問題として、広い面積の森林に対して違反を取り締まるための人員は極端に少なく、実質的な管理は不可能でもあった。国家保全林指定前からあって保全林内に囲い込まれた村落で耕地が拡張されたのに加え、指定後に外部から侵入し開墾することも基本的に野放しになり、国家保全林の制度と現実の乖離が広がった。

一方で、指定前から居住・耕作していたにもかかわらず国家保全林に囲い込まれてしまった住民の慣習的な土地利用を尊重しようという姿勢も見られた。一九六六年には、委員会が設置され、国家保全林に指定予定の土地につき調査が行われている。また翌年からは既に指定した国家保全林での土地権利および事実上（＝慣習上）の利用に関する事後的な調査も始まっている。法律上は、指定後九〇日を経過した事実上の利用・占有は単に「違法」なだけだが、この事後的な調査は毎年継続して行われている。

さらに、一九七三年には、内務省の「土地分配推進プロジェクト」（khrongkan rengrat chat thidin）の一環として、国家保全林内の住民の権利・利用の調査が始まった[「年次報告書」一九七三年：28–30]。この調査では、No So 3 や So Kho 1 のような何らかの法的根拠のあるもの以外の、「違法な」土地占有への対応策が模索された。調査結果に基づき、農業協同組合省事務次官、農業振興局長、公共福祉局長（内務省）、森林局長からなる小委員会により、各々の事例につき以下の四つの選択肢からとるべき施策が選ばれた。(1)占有地を保全林から除外、(2)一時的に居住・利用を許す（貸す）、(3)立ち退かせる、(4)保全林の全廃、である。一九七三年には、六六ヶ所の保全林で、二万八八〇六人の占有地、約七六〇平方キロメートルにつき判断が下された。その内訳は**表2–1**の通りである[「年次報告書」一九七三年：28–30]。ほとんどが、「一時的に居住・利用を許す」、つまり、法的には違法であるが事実として黙認せよというのである。国家保全林法第

表 2-1　1973年の国家保全林内の土地利用実態調査結果：28,806人が占拠する66カ所762km²について

	小委員会の決定	面積（km²）*	占有者数（人）
法的根拠あり		66	1,393
法的根拠なし	合計	696	27,113
	当該土地を国家保全林から除外	18	339
	一時的な居住と利用の許可	583	19,410
	国家保全林からの立ち退き	4	537
	公共福祉局のスキームによる移住	0.04	9
	国家保全林全体の廃止	1	143
	決定に至らず	89.96	6,075

*面積は，ライ単位（=1,600 m²）表記から換算した．よって数値は概数である．
典拠：[「年次報告書」1973年：28-30]

一六条には「一時的利用」の許可を定めており、その適用可能性もあっただろうが、そうした手続きもとられなかった。国家保全林や永続林内の居住・耕作者に関する調査は、年により、数ヶ所から五〇〜六〇ヶ所（保全林を単位）とばらつきはあるものの、一九九〇年代まで続けられている［「年次報告書」一九六六年〜一九九一年］。しかし、それによって得られた情報が何らかの具体的な政策づくりに役立てられた形跡はない。

後日譚だが、一九七〇年代中頃以降、国家保全林内の居住・耕作者に耕作権を認める政策が次々に打ち出された。しかし、そこでは、この一九六六年からの事後的調査のデータは活用されず、その都度、まったく別個に調査を行った。さらに、これと並行して、依然として十分な事前調査を省いた、画餅であることがわかっていたはずの国家保全林指定もそのまま続けられた。結局、一連の政策では、指定前からの集落・耕作地であるのか、指定後に侵入・開墾されたものなのかの区別もなく、それぞれの時点での事実上の居住・耕作を追認するというなし崩し的なものになってしまった。

この他、国家保全林内での日常生活に必要な物資の採取についても便宜を図っている。森林保護・保全法時代にも、森林局長から各県に要請に応じ、県知事名で、保全林内での地域住民による禁制種

の木材伐採や林産物採取に許可を必要としないとの措置がとられているが、国家保全林に移行してからも同様の措置がとられている。いずれも法律の規定に従った措置である。例えば、一九七二年に、スリン県の知事が、森林局長が前年に出した文書に応える形で、地域住民の国家保全林内での禁制林産物の採取に許可申請が不要であるとの公示を行っている。この県知事による公示は、国家保全林の「担当官」としての立場で、国家保全林法に則って許可を出すとの形をとっている。各郡ごとに禁制林産物を列挙し、採取について、許可申請は不要であるとしている［未公刊資料①］。森林局長が出した文書の文面は定かではないが、森林保護・保全法時代と同様に、各県にスリン県と同様な措置をとるよう要請するものであったと推測される。

森林局の法務部は、これを「一般的許可」（anuyat thuapai）と呼び、各県の裁量で行われてきたという。このような許可の出し方は、法に則ったものとはいえ、厳密には利用者からの申請を前提とした国家保全林法の文言から逸れる部分もある。しかし、上述のような国家保全林の指定の仕方とその後の放任により、国家保全林内外の住民が毎日の生活に必要な物資を国家保全林に依存せざるを得ないのが実情であった。それを逐一、郡を通して許可申請を求めるのは現実的ではない。行政が、制度の運用により、そうした実態に合わせようとした努力の現れである。村人たちが、日々、自然に向き合いながら暮らしている。そういう「つながりの論理」に対して、敢えて「区切る論理」のなかに押し込まずに放置する、「見て見ぬふり」を決め込んだのである。ただ、その結果、資本主義化した農民による激しく急速な、際限のない森林の農地化を許してしまったのもまた事実である。

悩み多き現場――取締まり最前線の森林防護署

前にも述べたように、特に国家保全林のためにつくられた、実質的に監視や取締まりを行うシステムは存在しない。国家保全林以外の森林も含む国有林全般の取締まり・逮捕を行う機関として、村落部に常駐し、いわば最前線で活動する「森林防護署」があり、加えて、当初は、「森林警察」(tamruat pamai)[6]がこれをサポートしていた。一九八〇年代以降、「捜査・取締まり線」(sai taruat prappram)、「森林不法占拠・破壊防止センター」(sun chapo kit pongkan kan bukruk tamlai pa, So Po Po と略される)などが相次いで設置され、森林防護署の活動をサポートした。しかし、森林防護署以外の機関は、普段はバンコク、もしくは県都レベルの街に駐在し、要請に応じて応援に駆けつけるというものだった。このほか、公務員身分を持つ森林局職員、副郡長、郡長といった内務省地方統治局系の官吏、警察官も、森林関係の違法行為全般について逮捕・取り締まりの権限を持っていた。しかし、大勢の森林破壊者が武装抵抗するとか、不法占拠者の集落を強制排除するという大掛かりな事案を除き、日常のパトロール活動の中心は森林防護署であった。

森林防護署は、第一次国家経済開発計画の一環として、「フォレスト・レンジャー」(pamai khwaeng)を引き継ぐ形で一九六一年から全国で設置が始まった。一九九二年に県森林事務所に移管されるまで、各地域森林事務所に所属していた。違法な伐採や開墾を発見すると、犯人を逮捕し、道具類や不法に伐採された木材を押収する。逮捕した犯人は、地方警察に引き渡し、刑事裁判の手続きをとる。押収物は所属する地域森林事務所(移管後は県森林事務所)が回収する。

一九六五年からは、森林防護署とほぼ同様の役割を持つ「村落森林開発署」(nuai phatana chonnabot pamai)も設置された。一九六七年までに、森林防護署が八二ヵ所、村落森林開発署が八ヵ所設置されている[「年次報告書」一九六七年：61]。その後、森林防護署は一九七三年に一七七ヶ所［「年次報告書」一九七三年：18]、一九七四年には二二〇ヶ所（村落森林開発署は八ヶ所のまま）、一九八四年に二三二ヶ所［「年次報告書」一九八四年：19]（これ以降、村落森林開発署についての記載がなく、森林防護署に統合されたものと推測される）、商業伐採が全面禁止された一九八九年時点で二四三ヶ所だった［「年次報告書」一九八九年：39–40]。一九六一年当初は全国に合計六五〇ヶ所設置する計画だったが、その後、第三次国家経済社会開発計画（一九七二〜一九七六年）の後半に三二六ヶ所に下方修正されている［「年次報告書」一九八四年：20]。これは、各プロジェクト林につき一ヵ所という数字である。この下方修正後の計画ですら、その三分の二しか実現しなかった。ところが、商業伐採禁止後、伐採跡地管理のために一九八九年内に一二六ヶ所、翌一九九〇年には一二二ヶ所と、大増設が行われている［「年次報告書」一九八九年：39–40；一九九〇年：30]。

全国の森林防護署の一九八四年時点での管轄面積の合計が約一八万平方キロメートルであるから［「年次報告書」一九八四年：19]、一ヵ所当たり約七七六平方キロメートルとなる。森林防護署一ヵ所の人員は、五〜六名である。既に述べたように、日常、現場にいるのはこの森林防護署だけだったのである。現在のように舗装道路が整備されていない時代には、パトロールは徒歩によるしかなく、十分な取締まりが行える体制ではなかった。

そうした状況で、現場の森林防護署のスタッフはどのように業務を遂行したのだろうか。森林防護署創設時、国家保全林制度の草創期からの職員の多くは退職している。ここでは、一九七〇年代以降に入った現役の職員からの聞き取りを手がかりに、森林防護署の業務の様子を見てみよう。

森林防護署で取締まりに携わってきた職員の多くは、中央の森林政策を、人々が農地拡張を必要としていた現場の状況が分かっていなかったと批判する。そうした状況下での取締まり業務は、地域住民との対立の先端に立つ苦労の多いものであった。違法伐採を行っていた者を逮捕したときに、職員が人質に取られて引き換えに釈放を要求されたり、犯人は取り逃がして車や道具類を押収すると、後に、詰所を襲われたりした。また、コミュニストやその残党にも随分、悩まされたという(7)。

それでも、違法な伐採や開墾には、基本的に法律に従い厳正に対処した。同国民同士、できれば捕まえたくないという気持ちはある。しかし、例えば、違法な開墾の痕跡を発見した場合、数日後にもう一度行ったり、その場所を常に注意するようにしたりして、開墾者を発見、逮捕するよう努めた。

ただ、いかなる場合でも逮捕したというわけではない。常に農村近くにいた彼らは、農民たちが農地を必要としている実情をわかっており、それへの同情もあった。だから、違法開墾者を発見しても、注意するだけで逮捕しないこともまれにはあった。ある森林防護署の現地職員（公務員身分を持たず、付近の村落の住民から雇用する）の話では、家を修繕するために少量の木材をとる、既に死んだ木を木材としてとるといった森林への影響が少ない軽微な違反を発見した場合、違反者が従順で抵抗しなければ、逮捕せず見逃す。感覚的な数字だが、パトロール中に遭遇する違反行為のうち、このようにして見逃すものが約半分くらいあるという。軽微な違反まで全部逮捕していたのでは、住民を敵に回し、その地域に居られなくなるというのである。

森林保全の最前線ともいえる森林防護署の職員は、基本的に、それぞれの管轄の森林を防護するという役割に忠実だったものの、地域住民と最も近い位置にいる彼らは、地域住民の日常生活が森林資源を必要としている実情との矛盾の矢面に立たされた。実務の中である程度の目こぼしをする裁量は不可欠であった。建前としての制度としての国家による「区切る論理」と、村人たちの「つながりの論理」による自然に向き合った暮らしという現実の板挟みになる最前線にあった。役所の末端にいる身として、一応、建前に沿った業務遂行が求められる。しかし、現実問題として、「区切る論理」で裁断してしまうことなどできない。現場の「さじ加減」で両者のバランスを保つ役割を担っていたのである。

5　木材がほしかっただけなのか？——国家保全林と商業伐採コンセッション

以上のように、国家保全林制度は構造的に地域住民の生業の実態から乖離し、それに対する抜本的措置もないまま放置され、十分な管理体制も整えずに指定を続けた。森林保全の観点からは実質的な意義を欠くことが明白だったにもかかわらず、国家保全林法が制定以来、長期間、根本的な変革なしに維持されたのはなぜだろうか。

幹部クラスから現場レベルにいたるまで、多くの森林局職員が言うのは、国家保全林は商業伐採コンセッションのための制度であったということである。タイでの商業伐採コンセッション自体は国家保全林制度以前から行われてきた。伐採コンセッションの仕組みや規則は何度も改定されてきたが、一九六八年の閣議決定で、三〇年間という長期間で面積もそれまでのものより大規模なコンセッションが制度化された。その後、一九八九年の商業伐採全面禁止までこの制度が維持された。コンセッションは「林業公社」(ongkan utsahakam pamai) などの国営の機関に一部付与された以外、大部分は、各県に一つずつ設立された林業会社（以降「県会社」）に付与された［森林局 1976a : 17, 26–27］。

この三〇年間のコンセッションでは、それまでのものと比べユニットごとの面積が広い。広大な面積の森林を細かく区分し、計画的に伐採を行う。それにより、持続的な木材生産を保障するのである。一九六一年の国家経済開発計画により、国土の総合的な開発の一環として、国土の五〇パーセントを森林として残し、持続的な木材生産による経済発展への寄与が期待されたが、そうしたコンセッションによる商業伐採のための林地を面的に確保することが国家保全林制度の企図だったというのである。ある森林局職員は、このような国家保全林の指定を、農民による慣習的土地占有と同じ「チャップチョーン」という言葉で表現した。国家によるチャップチョーンだというのである[8]。制度としては、国家保全林などの森林保全制度と商業伐採コンセッションとは一応、別立てになっている。この両者は、森林局の職員がいうように本当に車の両輪のように一体だったのだろうか。

商業伐採コンセッションの付与の実態

国有林、つまり、私人の土地権利が存在しない森林法上の「森林」での木材伐採は、原則として政府の許可が必要である。森林局は、まず伐採予定地の森林の状況を調査した上で、一定の区域ごとに「プロジェクト林」(pa khrongkan)に指定していった。各県のプロジェクト林には、区域ごとに通し番号が付けられ、商業伐採コンセッションやその他の小規模な伐採許可に振り分けられた。一九六八年以降、商業目的の大規模なものについては、上記のように三〇年間のコンセッション(sampathan)が林業公社および県会社に独占的に付与されたのである。

例えば、ウボンラチャタニ県では、商業伐採のためのコンセッションは、林業公社分が一九七二年から、県会社分が一九七三年から出されている。県会社分が一年遅れたのは、一九七一年から始まった県会社の設立作業が完了したのが一九七三年だからである[森林局 1978;未公刊資料②]。全部で二一ヶ所七七六三・九三平方キロメートルのプロジェクト林が設定されている。内、商業伐採用のものが一三ヶ所五六五二・四三平方キロメートル、残りが地域住民の小規模な利用のためのものだった［森林局 1978］。一三ヶ所のプロジェクト林の伐採コンセッションは、二ヶ所が林業公社に、一ヶ所、「在郷軍人福祉会」（ongkan songkhro tha-han phan suek）に、残り一〇ヶ所が県会社に付与された[9]。ゴンカム村を含むドンプーロン国家保全林でも指定と同じ一九七三年にＯＢ6（五七七・三平方キロメートル）、ＯＢ7（二三八・八五平方キロメートル）の二つのコンセッションが県会社に付与されている。実際には、ドンナータームの森の一部で伐採が行われていたという。南側にあるサソーム村からアクセスしていた伐採道路の跡が今でも残っている。

その後、一九七七年にクーデターでクリアンサック政権が成立すると、森林破壊の取り締りが強化され、伐採コンセッションの見直しが行われた。一九七七年に「国家森林破壊防止委員会」（khana kamakan pongkan kaekhai panha kan bukruk tahmlai pamai khong chat）が設置され、具体的な対策を取りまとめた［森林局 1980：189–190］。その中にはコンセッションの管理強化策も盛り込まれていた［前掲書：216］。さらに一九七八年には、「林業政策策定委員会」（khana kamkan kamnot nayobai kiao kap kan tham mai）を設置した。委員会はコンセッションの状況改善についての意見を政府に提出した。一九七九年の閣議決定でこれが承認され、全国で三四一ヶ所、一二万二八二七・三一平方キロメートルのコンセッションが一時的に停止されたのである［前掲書：216–218］。

ウボンラチャタニ県では四ヶ所が撤回されている。名目上、一時的停止だったかもしれないが、この四ヶ所はその後、再開されていない。県東北部ケマラート郡付近のものが二ヵ所（ＯＢ1、ＯＢ9）、県南部デットウドム郡のものが一ヶ所（ＯＢ3）、県東南部ピブーンマンサハーン郡のもの一ヶ所である［未公刊資料③④］。その後、一九八九年の商業伐採全面禁止まで九ヶ所で増減はなかった。

一般に、県会社は二〇パーセントを林業公社、五〇パーセントを県内の製材工場や材木商といった林業関

表 2-2　ウボンラチャタニ県内のプロジェクト林の分配：1976年以降の状況

プロジェクト林の番号と名称		所在する郡（県内の位置）	面積：km^2	年間生産量（計画）：m^3	実際に伐採を行っていた会社（主要な製材所の所在地）	コンセッションの所有者
OB 1	Dong Khum Kham	Khemarat, Trakan Phuet Phon（北）	375.8	81,394.68	I.H.（Yasothon）	県会社
OB 2	Fang Sai Lam Dom Yai	Nam Yuen（南）	363.58	113,812.94	T.S.（Det Udom）	県会社
OB 3	Fang Sai-Fang Khwa Lam Dom Yai	Det Udom（南）	517.62	149,417.76	T.S.（Det Udom）	県会社
OB 4	Fang Khwa Lam Dom Noi	Buntharik（南）	522.28	373,487.83	T.S.（Det Udom）	県会社
OB 5	Fang Khwa-Fang Sai Lam Dom Noi	Buntharik（南）	441.79	462,648.53	T.S.（Det Udom）	県会社
OB 6	Phu Lon	Si Mueang Mai（東）	577.3	41,282.96	P.（Phibun Manhasan）	県会社
OB 7	Phu Lon-Huai Na Bua	Khong Chiam（東）	477.7	50,673.27	P.（Phibun Manhasan）	県会社
OB 8	Huai Ta Wang-Dong Chum Kha-Dong Ta Wang	Khemarat（北）	475.7	37,374.03	Thai Plywood Company*	Thai Plywood Company
OB 9	Dong Kham Dueai Fang Khwa Huai Thom	Chanuman, Khemarat（北）	685.75	103,685.40	I.H.（Yasothon）	林業公社
OB20	Dong Bang I-Dong Hua Kong	Amnat Charoen（北）	311.83	147,978.18	I.H.（Yasothon）	林業公社
OB21	Dong Kham Dueai	Chanuman（北）	184.04	14,284.45	I.H.（Yasothon）	県会社
OB22	Huai Yot Mon-Chong Mek	Phibun Mangsahan（東）	338.64	123,409.90	P.（Phibun Manhasan）	県会社
OB23	Dom Yai	Det Udom（南）	380.4	236,703.45	在郷軍人会**	在郷軍人会

* Thai Plywood Company は半官半民の企業である．
** 在郷軍人会は自身で伐採を行い丸太を製材所に売却していた．
典拠：森林局職員と製材所経営者への聞き取り，および［森林局 1978］．

係業者、残りを県民一般からという出資比率で設立された。県会社の実態は、大株主である製材会社の寄り合いだった。コンセッションが付与されたプロジェクト林は製材工場の数に応じて各業者に振り分けられた。一九六〇年以降、製材工場の新設は禁止されていたので［森林局 1968：147］、一九六七年以降の県会社設立、及び、独占的な伐採コンセッションの付与は既存の大手業者の組織化を意味していた。ただし、製材工場の買収によるシェアの変動や新規参入はあった。製材工場の買収は、県会社の株、伐採区域（プロジェクト林）の割り当て、というパッケージでの移転であった。

ウボンラチャタニ県の場合、一九七六年に当時、最大の木材業者だったT社が伐採業から撤退し、製材工場を数人の同業者に払い下げている。製材工場に付随した伐採区域の移動も同時に起こっている。この払い下げ以後、ウボンラチャタニ県のプロジェクト林は、三つの製材会社のテリトリーに分かれていたという。デットウドムに本拠を持ち県南部がテリトリーとするT社、ピブーンマンサハーンを本拠とし県東部をテリトリーとするP社、隣県ヤソートンを本拠とし県北部をテリトリーとするI社である。三社とも、本拠地以外にも複数の製材所を所有し、登記上の会社は一つではなかったが、いずれも同族による経営であった。この内、ヤソートンの一社が一九七八年に規則違反の摘発で重大なダメージを受けたが、これ以降、基本的にテリトリーの変動なしに一九八九年の商業伐採全面禁止に至る[10]（**表2-2**）。

森林局の元幹部職員によれば、このように、既存の事業者による県会社に独占的に長期コンセッションを付与する政策は、伐採地を不法侵入から守り、伐採後に植林を行うというコンセッション契約が遵守され、プロジェクト林が持続的に運営されるような体制を整えるという趣旨だったという。

プロジェクト林は、各地域の地域森林事務所（samnakngan pamai khet）が監督していた。毎年、担当官が立ち会い、樹木の大きさや量について定めたコンセッションの規定に従い、伐採してよい樹木に刻印を押した。加えて、担当官が毎月、検査を行っていた。こうした監督にも関わらず、コンセッションを受けた製材会社による規則違反の伐採は後を絶たなかった。伐採後の植林も規定どおりにはなされなかったので、森林の荒廃を招き、農民の侵入・開墾を許す一因となった。(11)

商業伐採と国家保全林と森林防護署

商業伐採の規則は、森林局の監督により、一応、制度的に担保されていた。実際には、規則違反を食い止めることはできなかったので、結果的には不備だったのかもしれないが、それなりの制度的枠組みは用意され、実施されていた。「国家保全林は商業伐採のための制度だった」という先に挙げた森林局員の発言が正しければ、国家保全林は、まさにこうした商業伐採を制度的により強固なものにするためのものだったということになる。しかし、国家保全林とプロジェクト林の指定は必ずしも連動していない。

全国レベルのデータとしては、一九七六年時点のプロジェクト林の種別や面積を県別に示した「タイ全国各種プロジェクト林統計簿」［森林局 1976b］がある。この中から商業伐採コンセッション分だけを取り出し、二〇〇〇年までの全国の国家保全林の指定・解除を網羅した「国家保全林リスト」［森林局 2000］から一九七六年時点での各県の国家保全林面積を割り出したものと対比させてみる。重複しているか否かは不問にし、単純に面積比だけを見ても、国家保全林が商業伐採コンセッション区域の二〇パーセント以下しかない県（森林が多い県としては北部のナーン県の二・六九パーセント、ターク県の一九・九七パーセントが目立つ）もあれば、四倍を超える県（南部のサトゥン県）もある。地域的な偏りはそれほど顕著ではないが、北部だけは国家保全林が商業伐採コンセッション区域を上回る県がない。

ウボンラチャタニ県を例にさらに詳細に見てみよう。県内のプロジェクト林の位置と境界を示した地図

[未公刊資料⑦]と、国家保全林の地図（官報掲載のもの）と比べて見ると、プロジェクト林は、大方、国家保全林に指定されている。ただし、国家保全林への指定時期は一九六〇年代から八〇年代中頃に散らばるので、指定が遅かった区域では商業伐採の保護には貢献していないことになる。

商業伐採は県南部・東部の国境沿いが中心だったが、そのほかにも小さな区画のプロジェクト林は県内各地に点在している。国家保全林と同じく、前述の一九六〇年代初頭に大まかに指定された「永続林」を網羅的にプロジェクト林に指定したようである。そう考えれば、両者がほぼオーバーラップするのは当然である。しかし、特に、大きな区画の国家保全林、プロジェクト林が集中する県南部から東部の国境沿いでは、両者の境界は一致せず、国家保全林に指定されなかったプロジェクト林、あるいはプロジェクト林から外れる国家保全林が見出される。

実際に現場で国家保全林指定に携わった経験を持つ森林局員によれば、国家保全林の指定は、「永続林」の中から、毎年、予算に応じて行われたが、特段、プロジェクト林の境界と一致させるような配慮はなかった。保全林指定の作業も、プロジェクト林や伐採コンセッションの管理も、同じく地域森林事務所の「森林管理課」(fai chatkan pamai) の担当だったが、それぞれ別々に業務を行い、協調することはなかったという。国家保全林の指定にあたっては、一部、森の深いところで国境や河川など自然の地形を用いて地図上で線引きをする以外、境界沿いを実地測量しなければならなかった。毎年、単年度の予算の範囲内で、測量を行っていったので、広い面積の区画の指定作業が困難だったという事情もある。

こうしたセクショナリズムのため、国家保全林の指定は、本当に豊かで重要な森林から優先的に行う訳にはいかなかったが、大枠では、一応、プロジェクト林をカバーする形で行われたといってよい。

では、商業伐採区域でのパトロールや取締まりはどのように行われていたのだろうか。国家保全林制度は長期間の商業伐採コンセッションを補強するためのものというのが森林局員の間の一般的理解だった。この延長で、森林防護署の目的は商業伐採コンセッションの保護だったと考えられている。

森林防護署は、一九八九年に商業伐採が全面禁止されるまでは、前述のように番号を付されたプロジェクト林を単位に設置されていた。予算不足のため、計画された六五〇ヶ所（後に三三六ヶ所に修正）のうち一九八九年までに設置されたのは二四三ヶ所だけだった［「年次報告書」一九八九年：39–40］。

一九七六年時点での各県の森林防護署の数は、先に挙げた「タイ全国各種プロジェクト林統計簿」に記されている。この時点で、全国合計二二〇ヶ所に達していたので、一九八九年までに設置された二四三ヶ所の九〇パーセント以上が含まれる。各県について、森林防護署一ヵ所当たりの商業伐採コンセッション区域と国家保全林の面積を単純な割り算でそれぞれ計算してみた（各森林防護署の実際の管轄面積を示すものではない）。非常に突出している一県（カンチャナブリ県）を例外としても、商業伐採区域、国家保全林ともにかなりのばらつきがあることが分かる。特に規則性も見出されない（**図2-2**）。

ウボンラチャタニ県での設置の状況を見てみよう。森林防護署にも、プロジェクト林同様、OB～という通し番号が付されている。長年、森林防護署で勤務してきた森林局職員からの聞き取りでは、一九六九年に初めて、現在のチョンメック郡にOB14、現在のトゥンシーウドム郡にOB15が設置された。それぞれ、プロジェクト林OB22、プロジェクト林OB2、3、4、5を管轄した[12]。その後、一九七二年にケマラート郡にOB2、アムナートチャルーン郡（現在アムナートチャルーン県）にOB1が設置され、それぞれ、プロジェクト林OB20、OB21を管轄した。年次報告書では、一九六九年の二ヶ所は村落森林開発署とされているが、その後、この区別はなくなっている。一九八九年の商業伐採コンセッション停止までこれ以上増えなかった。四ヶ所というのは、県内のプロジェクト林だけを管理するにも不足である。ただし、この四

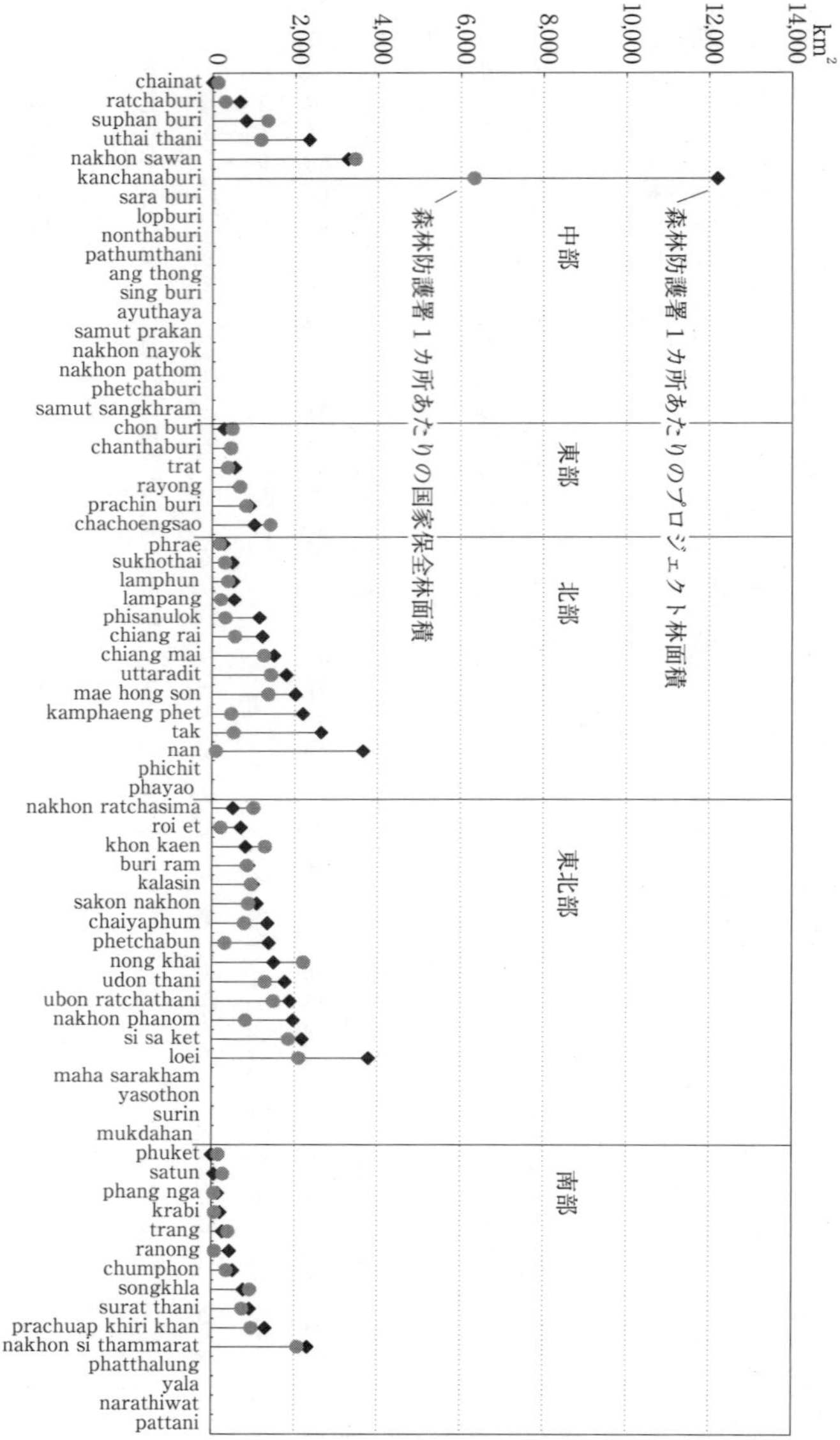

図2-2 各県の森林防護署1カ所あたりの国家保全林・プロジェクト林面積

典拠：［森林局 1976b; 2000］.

ヶ所はそれぞれ県内の主要な商業伐採地に、しかも、前述の三つのテリトリーを網羅するように配置されている。つまり、限られた数の森林防護署をなるべく効果的に商業伐採地を管理できるよう配置し、主要な商業伐採地を重点的に守ろうとした姿勢は伺える。

しかし、如何せん少なすぎる。これでは農民による開墾は止めることはできなかった。ウボンラチャタニ県南部では、一九八〇年代中頃には、プロジェクト林が農民により開墾されてしまっており、伐採業者は農民が水田や畑地に残した樹木を買わねばならない状況だったという。同地は、そのころには国家保全林に指定されていたが、指定しただけで管理・取締まりの態勢がない「画に描いた餅」では、商業伐採の保護すらできなかったのである。

木材のチャップチョーン

商業伐採による木材生産を軸に、コンセッション付与、国家保全林指定、森林防護署による取り締まりが行われていた、それは、開発政策の中での国土の総合的利用の一環でもあった。少なくとも、森林局での共通理解としては、そのはずだった。その背景には、三〇年という長期間で計画的に伐採を進めてゆけば、天然更新によって持続的に木材を生産し続けることができるという、いわゆる近代的林業経営の考え方があった。「木を見て人を見ず」な、理科的な発想である。森林局内で政策立案に関わった職員のなかには、こうした近代的林業の理念を実現させようと本気で考えた人もいたかも知れないが、長年のキャリアのなかで地方の現場を見てきた経験がある職員の多くは、現実離れしていることに気づいていたことだろう。国家保全林の指定が、国家による伐採地のチャップチョーンだったとしても、それは、持続的に維持してゆく森林を囲い込むという意味ではなく、当座、伐る場所の確保だったのではないか。さらに言えば、土地全体ではなく、木材のチャップチョーンだったというのが実情ではなかったか。しかし、次第に、その木材自体も、占有している農民に代金を支払って買わなければならなくなった、つまり、実際には木材のチャップチョーンすらできていなかったケースもあった。国家による「区切る論理」は、農民の慣習的な「区切る論理」に対抗できなかったのである。もちろん、そこでは農民の日々の暮らしのなかにある「つながりの論理」も温存されていた。

ゴンカム村の村人にとっては、国家保全林も商業伐採コンセッションも、ほとんど関わりのないことであり、国家による「区切る論理」と村人の「区切る論理」「つながりの論理」との間にも、実質的な接点がなかったといってよい。村人たちが、当時はおもに狩猟採集を行っていたドンナータームの森の一部にも商業伐採の手が入ったが、比較的小規模だったこともあり、ゴンカム村も含めた周辺の住民の生業活動に影響を与えるほどではなかった。特に、ゴンカム村にとっては、村の反対側の、ドンナータームの森の南側から伐採が入ったこともあり、ほとんど影響はなかったといってよい。伐採道路などインフラ整備による影響もなかった。ゴンカム村の村人のなかには、一時、ドンナータームの森のなかで田畑を開いた者もいた。ドンナータームの森にも耕作可能な土地はあるものの、多くは岩がちで、かつ傾斜があるので、伐採跡地を農地にすることもなかった。ドンナータームの森で田畑を開いた村人は、みな、マラリアにかかって逃げ帰ってきた。相変わらず、田畑を耕し、森にけものを追うという暮らしが続いた。

商業伐採が全面停止された一九八九年に、チャート村（ナムテン村の隣り）に森林防護署ＯＢ12ができ、初めて、現場に職員が常駐して監視を行う態勢になった。それでも、山奥で、当時はまだ車でアクセスできなかったゴンカムには監視の目はゆき届かなかった。そういう状態で、一九九一年の国立公園指定を迎えたのである。

6 「やわらかい保護」のメカニズム

国家保全林の矛盾の構図

まず、これまでの議論を簡潔に振り返ってみよう。タイにおいて、林地を面的に囲い込むという森林保全は、総合的な開発計画の一環として一九六〇年代に本格的に始まった。そのための制度である国家保全林制度は、保全林指定を急ぐため地域住民の土地利用の実情調査を省いたにも関わらず強制力が用意されていないという、制度の構造上、欠陥を持ったものだった。現場での運用は、地図上の線引きとしての保全林指定が順調に進む一方、実際の管理体制はほとんど無きに等しいものだった。また、僅かにいた現場の取締りに従事したスタッフも、地域住民が農地拡張を必要としているという実情に、裁量である程度の目こぼしをせざるを得ない状況だった。国家保全林への農民の侵入と開墾を防ぐことができなかったのは当然の帰結である。

こういうことをとらえて、地域住民の生活の実態との乖離や森林局の管理能力の欠如のために制度が破綻したというのが一般的な議論である。これに加え、森林局と内務省土地局との対立による機能不全もよく指摘されるところである［Vandergeest 1996 a；Kamon and Thomas 1990］[13]。不思議なのは、すでに森林保全の実質的機能を果たしえないことが明白になってからも、国家保全林の制度改定を行わず、従来どおり指定を続けたということである。こうした、形だけの国家保全林指定が森林保全という本来の目的以外に何らかの機能を果たしたのだろうか。商業的伐採区域とはオーバーラップしていなかったことから、有力者の利権としての森林資源の収奪（保全ではなく）に資したともいえない。国家保全林の広大な土地を管轄していることが森林局の権力の源泉であるという指摘もあるが［佐藤 2002：196–197］、森林局が単に自らの権限を守る、あるいは維持するためだけに国家保全林制度を導入し、実質的な目的も機能もないまま指定を続けたとも考えにくい。

例えば、先に挙げた元局長モーム・チャオ・スーップスックサワット・スックサワットの回顧にあったような、面的保全の先駆けといえる一九三八年以前の保全林指定は、当時の地方統治法に基づく州知事の権限によるものだった。こうした地方統治のシステムに頼った保全林は、森林局の権力伸長にはならなかっただろう。しかし、当時の地方の森林局職員は、積極的に州知事に働きかけ、各地に保全林を作った。「放置しておけば、森林はなくなってしまう」［Mom Chao Suepsuksawat 1976：97］という、森林保全の使命感ゆえだった。一九六〇年代の開発政策の一環として国家保全林制度を策定した時にも、机上の空論だったとはいえ、科学的林学に基づく持続的木材生産を行うために林地を面的に囲い込む必要性も意識されていたのだろう。

一方、実務に当たった職員も、ある意味で非常に職務に忠実だった。だからこそ、実質的な意義を持たない国家保全林指定の作業が延々と継続したのである。これは、森林局の同じ部内にまで及ぶ非常に細かいセクショナリズムの結果でもある。

むしろ、国家保全林自体が実質的な効果を持たなかったことが指定を継続させたとも言える。強力な管理や取締りが付随せず地域住民の生活に与える影響がほとんどなかったため、抵抗も起こらなかった。僅かに設置された現場常駐の森林防護署でも、実情に応じた裁量的な見逃しが行われていた。

科学的林業という理念に基づく国家保全林という国家による「区切る論理」も、慣習的占有による国家保全林の侵食という農民の「区切る論理」も、自然と向かい合う村人たちの日々の暮らしの「つながりの論理」も、ともに抜本的に変化することなく共存した。国家保全林と農民の慣習的占有と開墾、国家の「区切る論理」という建前と農民の「区切る論理」という現実の乖離は拡大した。政府や森林局は、次章で述べるように現実の追認、つまり、国家保全林内での耕作権を認めることでこれに対処した。しかし、この耕作権付与は長期的視野に立った、矛盾を孕んだ国家保全林制度の構造そのものの改変を伴うものではなかったので、国家保全林の侵食は食い止められず、違法状態の追認がなし崩し的に行われた。結局、広大な面積の荒廃林地を農地改革事務所に移管することになったが、それでも、この建前と現実の乖離を完全に解消することにはならなかった。このようななかで、「つながりの論理」の生活世界はそのままに放置されたのである。

タイ社会の特質としての「やわらかい保護」

この建前と現実の乖離の中で、柔軟にバランスをとることが、タイの森林管理、ひいては、タイ社会の特質と考えられないだろうか。政府は実現可能性と無関係に、理想的な制度を構築する。しかし、実際には、規則の多くは守られず、現場の実態に合わせた裁量的措置が柔軟に許容される。理想的制度と現場の実態との差が大きければ大きいほど、裁量の余地が増え、柔軟な施策が可能となる。悪く言えば「場当たり的」だが、社会各層からの様々なニーズとの妥協を図りながら、現実に可能な範囲での森林保全が行われてきたと理解することもできるのではないだろうか。実際、国家保全林制度とは対照的に、商業伐採の管理は、一部に伐採業者の規則違反もあったが、各伐採地での年次計画に基づく施業や、森林局職員による毎月の監督など、制度・実質両面で、それなりに機能していた。これは、過剰な伐採に対して、時々の権力者による一定の理解があったこと、地域住民が、大規模な商業伐採コンセッションに対し抵抗しなかったことで可能となったといえよう。このように、制度と現実の乖離の間で、柔軟に、うまくバランスをとりながら、その時々の社会的要請を反映するような形で現実的な保護を行ってきた、これが、本書でいう、わやらかい保護である。

このような、「やわらかい保護」は、東南アジアの他の国や地域と比較しても特徴的である。ジャワは最も対照的な例であろう。チーク林を囲い込み、タウンヤを模したトゥンパンサリというシステムによる植林が行われた。地域住民の資源利用を排除した森林管理は焼き討ちや盗伐といった、地域住民による恒常的な攻撃に悩まされた。しかし、第二次大戦中から独立後しばらくの混乱期を除き、政府は、制度を実効的なものにするために、村落に森林管理の役人を常駐させ、警備活動に多くの人員を割いた［Peluso 1992］。

国有林地の多くが違法に農地転換されているという事態は、タイだけではなく、フィリピンやインドネシア（外島部）などでも見られる。しかし、これらの国々、地域では、木材ブームの到来により、十分な森林保全制度が作られないまま、もしくは、植民地期に整備されていた森林保全制度が破壊される形で、大規模に商業伐採が展開した［Ross 2001］。その後の伐採跡地の管理が追いつかずに、農地転換を許したのである。これに対し、森林制度が作られ、それに従って保全林の指定だけが急激に行われたが、実質的には一度も機能したことがなかったタイの国家保全林のあり方は非常に特徴的である。一見、首をかしげるこのような国家保全林は、しかし、「やわらかい保護」のための裁量の幅を確保するために機能していたのである。この「やわらかい保護」の裁量の幅のなかで、「つながりの論理」の生活世界に国家による「区切る論理」を持ち込むことなく、放置することが可能になったのである。

第三章

矛盾解消への動き

——「やわらかい保護」はなくなるのか?

国家保全林が次々に指定されてゆく反面、たいして管理もなされずに放置されたために、実態は農地になっている。このような制度と現実が大きく乖離してしまっているという矛盾の解消のために、政府や森林局でも何らかの手を打たなければならないと考えるようになった。具体的には二つある。一つは、実態のほうにあわせて線引きした。つまり、国家保全林、あるいは国有林のうち、すでに森林ではなくなっている部分は、農民に耕作権を与えてゆく。もう一つは、いよいよ森林が残り少なくなった一九八〇年代末ごろから、残った森を国立公園や野生動物保護区に指定してその管理を強化するようになった。

時系列としては、前者が先に試みられ、それでも森林消失を食い止めることができず後者の動きが出てきた。国家による「区切る論理」として、国家保全林は実質的に機能しなかった。前者の、現実に歩み寄った境界線の引き直しを何度か行ったにも関わらず、国家保全林の制度の骨子自体は維持されたので、問題解決には至らなかった。その間、森林は減少し続け、いよいよ放置しておけなくなり、後者の自然保護という名目での保護の強化に至った。ここでは「区切る論理」そのものの変更、つまり、木材生産から自然保護への目的の変更があった。同時に、国立公園や野生動物保護区というより実効性の高い制度へ置き換えていった。こうした動きは、一見、「やわらかい保護」を否定するようでもある。実効性の高い制度が使われるようになれば、制度と現実が大きく乖離しているという、「わかりにくさ」は解消されるだろう。裏を返せば、国家の「区切る論理」は実質的に地域住民の生活空間を規制するようになる。「つながりの論理」がそこで残存する余地なく、人々は自然から切り離されてしまう。

しかし、建前と現実の幅を大きくとって裁量の可能性を確保し、そのなかで現実的に対処する「やわらかい保護」は、個別の制度・政策の問題というより、紛争を避けながら、社会各層の間で妥協可能な範囲で物事を実現してゆくという社会自体に内在するメカニズムではないかと思われる。もしそうだとしたら、ある日、急に変えられるものではないだろう。規模や形は変わっても、今でもどこかに「やわらかい保護」は残っているのではないだろうか。冒頭の老人が今でも当たり前のように水田を拡張し続けているように。

1 「線引き」の修正

なし崩し的現状追認

これまでみてきたように、国家保全林は、保全林の形を整えることだけに傾注し、保全が実効的になされるという内実は重んじられなかった。結果として、指定前から居住・耕作していた人々、指定後に侵入・開墾した人々の両方を含む「不法占拠者」が大量に生まれた。国家保全林が実際には農地になっているという建前と現実の乖離が拡大した。

森林局も当初からこの乖離に無関心だったわけではない。前述の通り、国家保全林制度導入早々の一九六六年から保全林内の居住・耕作者について調査を始めている。この調査は一九七〇年代に入っても続けられている。しかし、この調査は、国家保全林制度そのものの改正、区画の変更、もしくは何らかのスキームで既存の耕作や居住を認めるといった制度的措置には結びつかなかった。

しかし、一九七〇年代半ばに国家保全林内の耕作権承認を求める政治的圧力が強まり、森林局も、以後、いくつかのスキームでこれに応じている。基本的に、既に農地転換され森林の状態でなくなった土地の耕作権を付与するものだった。これらは、いずれも、その時点までの「不法占拠」を不問にし、耕作や居住をなし崩し的に認めるものでもあった。以下では、そのうちの主なものについて政策決定とその実施の過程を見る。

ククリット内閣の「追認」閣議決定と「森林村」プロジェクト

タイ政府が国家保全林内の事実上の居住・耕作を、始めて公式の手続きに則って承認したのは、一九七五年のことである。

一九七三年の「学生革命」以降、国会議員の選挙が行われ、議院内閣が政権を担い、民主的な雰囲気の中、住民運動が盛んになっていた。多くは小作料や高利の貸金に関する要求だったが［村嶋 1980；Praphat 1998：12–20］、土地なし農民による耕地配分の要求もあった［森林局 1976 a：35–36］。政府の政策も、悪く言えば大衆迎合的になり、例えば、せっかく地元の森林局員が違法伐採を行った地域住民を逮捕しても県知事が釈放するように命令するという有様だった(1)。また、違法伐採を摘発しようとした森林局職員の襲撃や誘拐が相次いだ［前掲書：31, 39］。

こうした状況のもと、当時のククリット・プラモート内閣は一九七四年八月一三日の閣議で水源地や保護区などを除く森林を農地として農民に分配することを決定した。土地分配にあたっては「森林村」（muban pamai）と呼ばれるスキームが採用された。「森林村」の基本原則は、森林局が策定した原案を元に一九七五年四月二九日の閣議で承認された。その後、再度、森林局により実施計画が立てられた。

「森林村」プロジェクトでは、森林地帯の中に散在する農民を計画村に集住させ耕地を分配しインフラを整備するとともに、植林事業やその他の職業振興を行った。そのねらいは、農民の生活を安定させることでさらなる森林の侵食を食い止めることだった［森林局 1976 a：41–42］(2)。集落造成、土地分配、移住に始まり、各種インフラ整備、植林事業、協同組合の設立といった村落の社会経済的基盤整備に至る一〇年計画の大掛かりなプロジェクトだった。

この「森林村」プロジェクトの目的や成果についてはいろいろな説がある。目的については、上記のような森林保全と住民の福祉向上が公式かつ一般的な意見である。だが、「森林村」プロジェクトの担当部署の長であった幹部職員は、むしろコミュニスト対策が本当の目的だったと言う。「森林村」プロジェクトには、「国家保全林改善プロジェクト」(khrongkan prapprung pa sanguan haeng chat) の他に、「王室プロジェクト」(khrongkan an nueang ma chak phrarachadamri)、「安全保障のための地方開発プロジェクト」(khrongkan phatana phuen thi phuea khwam mankhong)、「タイ東北部緑化計画」(khrongkan isan khiao) によるものがあった[3]。この内、後ろの二つは軍主導のものだった。実施主体が複数であることからも多様な目的のものが混在していたのだろうと思われる。一九九〇年までの実績は、順に、六五プロジェクト、一七プロジェクト、二〇プロジェクト、一七プロジェクト、である [『年次報告書』一九九一年:42][4]。

成果については、大掛かりな計画だったためスムーズに進行せず失敗したという見方がある [Lert and Wood 1986 : 26–27]。これに対し、元幹部職員は、初期は非常にうまくいったが、政府が継続的に予算をつけてくれなかったので尻すぼみになってしまったという。確かに、森林保全目的の色合いが強く数的にも中心だった「国家保全林改善プロジェクト」[5]は、一九七五年に一六プロジェクトで始まったが、その後、一九七九年まで増加していない [『年次報告書』一九七五年:7–10;一九七九年:15]。結局、一九九〇年までの一五年間で六五プロジェクトしか実行されていない。

ウボンラチャタニ地域森林事務所管轄分では、最後のプロジェクトが一九八八年に始められ、一九九二年の「農業のための土地配分プロジェクト」(khrongkan chatsan thidin tham kin phuea kasetrakam「Kho Cho Ko」と呼ばれる) が失敗した際に中止された[6]。筆者が実際に調査したチャチェンサオ県の事例は一九九一年に実施されている。[7] 後述の「耕作権付与プロジェクト」開始後も、水源林や保護区といった重要な森林区域から住民を立ち退かせる際には、「森林村」のスキームが用いられたのである。「年次報告書」では、一九九三年の記載が最後である［「年次報告書」一九九三年：40］。

以上のような「森林村」による限定的・計画的な耕作権付与は、森林局自身が立案し閣議に提出された。ところが、ほぼ並行して、内閣はこれに全く矛盾するような動きをとる。一九七五年四月四日の閣議決定でそれ以前に農民が居住・耕作している土地の権利を認めている。また、それ以降の森林破壊は厳格に取り締まるとした上で、国家保全林不法占拠で逮捕されている農民を釈放し、もとの土地での居住・耕作の継続を許した。さらに、翌一九七六年には、内務省土地局による土地法典に則った土地権利証書の一種であるNo So 3を国家保全林内でも交付することを認めた。森林局はこれに激しく反発したため、結局、この許可は撤回され、既に交付された分も取り消された。しかし、国家保全林内の住民の居住・耕作は改めて閣議決定で承認された［森林局 1976 a : 46–47；森林局 1980 : 192–193］。

森林局主導による、「森林村」による管理統制された耕作権付与と、国家保全林指定以前からの居住者か指定後の侵入者の区別もない現状追認という、互いに矛盾する政策が場当たり的に打ち出された。「民主主義の時代」のもう一つ側面である。

「So Tho Ko」プロジェクト

細かい部分は見解が分かれるものの、「森林村」プロジェクトの成果はそれほど大きくなく、さらなる農民による森林の開墾を食い止めることができなかった。国家保全林が多くの「不法占拠者」を抱え、耕作されているという矛盾を解消することはできなかった。

一九七九年に、政府はもう一歩踏み込んだ施策をとった。森林局があらためて国家保全林内の居住・耕作の実態を調査し、回復不能な荒廃林地では世帯当たり一五ライ（二・四ヘクタール）までに限り現状追認的に耕作権を付与する「耕作権付与プロジェクト」（khrongkan chuailuea rasadon hai mi sithi thithamkin「So Tho Ko」と呼ばれる）を始めたのである。

当時、一九七六年に軍のクーデターで「民主主義の時代」は既に終わり、軍事政権下にあった。特に一九七七年以降は、重大な森林破壊事件に対し、首相に「国家の安定、国家の資源の破壊」の防止のための広範な権限を与える一九七七年統治憲章二七条を適用し、強権を以て厳しく罰した。So Tho Koは、そうした状況下で、国王の諭旨に従い［「年次報告書」一九八三年：38–39］政府が策定したもので世論の圧力に応じたものではない。森林局も、耕作権を明確にせず不安定なまま放置すれば農民の生活が困窮するとの判断からこれに同意し、実施計画を策定し一九八二年から実行に移した(8)。

耕作権付与プロジェクトでは、現に居住・耕作をしている農民からの申請に応じ、審査の後、当該地所の利用を認める証書を交付した。荒廃林地でない場合、水源地など保全の必要性の高い土地の場合には、別の場所に移住させ、「森林村」のスキームによって土地を配分し、耕作権が付与された。まず、「So Tho Ko 1」と呼ばれる証書を交付し、五年間、継続的に利用されていることが確認されれば、測量を行い、永続的な「So Tho Ko 2」と呼ばれる証書に切り替えた。

このSo Tho Koは、相続以外の贈与・売買、借金の担保にすることができない限定的なものである。国家保全林指定は解除されず、国家保全林法一六条で定められた利用許可という形式をとった［森林局 1982］。So Tho Koが始まった一九八二年には約一三八三平方キロメートルにSo Tho Ko 1証書が交付された。翌年からは、世界銀行の「構造調整融資」（Structural Adjustment Loan）を受けてさらに拡大し、一九八六年までの五年間で、合計、約一万一六二〇平方キロメートルの交付を行った［「年次報告書」一九八六年：27］。一九八六年の閣議決定では、交付の対象を「国家保全林改善区」（khet prapprung pa sanguan haeng chat）に指定された荒廃林に限定するように改められた［「年次報告書」一九八八年：31］。その後、この新基準に基づく対象地の調査と、一九八六年までにSo Tho Ko 1を発行した土地の利用状況調査が行われた。その結果、一九九〇年にSo Tho Ko 1発行を再開し、また、So Tho Ko 2の発行も始まった。一九九二年までに約五九六平方キロメートルにSo Tho Ko 1を、約二一四一平方キロメートルにSo Tho Ko 2を発行した［「年次報告書」一九九〇年：40；一九九一年：42；一九九二年：55］。一九九三年に、後述のように荒廃林地が農地改革事務所に移管されたのに伴い、So Tho Koは終了した。

結論からいえば、それでも農民の侵入を食い止めることはできず、さらなる森林破壊が進行したのだった。So Tho Koが実行に移された一九八二年頃は国家保全林指定の最終段階だった。一九八二年九月二二日の閣議では、三年以内に全国の国家保全林の指定を完了させる旨、決定されている［「年次報告書」一九八三年：21］。この時期になると、国家保全林指定予定地に既に侵入している農民がいることが多くなっていたようで、そうした理由で測量ができない場合には、一九六〇年当初の土地利用分類地図を元に各地域森林事務所が地図作成を行うとの方針を森林局の担当部局が出している［「年次報告書」一九八三年：21］。

国家保全林内の居住・耕作という矛盾解決のため、So Tho Koで大掛かりな現状追認を遂行する一方で、さらにいえば、これ以上の国家保全林の指定が全く有名無実であるのがわかっていながら、従来どおりのやり方で指定が続けられた。それ以上に農民による国有林の開墾を防止するような具体的な施策もとられなかった。耕作権付与で線引きのやり直しをしながら、あらたな矛盾を創出しつづけていたのだ。国家による「区切る論理」の根本的なメカニズムは、従来通り、実効性のないままで、浸食されたところを切り離していったのである。

国家保全林再分類と農地改革事務所への移管

一九九〇年代に入り、この実効性の乏しかった国家による「区切る論理」が抜本的に見直された。国家保全林指定はようやく完了しており、商業伐採も全面停止となっていた。具体的には、一九九三年に、荒廃林地の管轄が森林局から農地改革事務所に移された。移管された土地は国家保全林から除外され、農地改革局により土地なし農民、実際には現に居住・耕作する農民に分配され、「So Po Ko 4–01」と呼ばれる耕作権証書が交付された。この耕作権証書も売買など相続以外の譲渡は許されなかった。

これに先駆けて一九九一年から国家保全林のゾーニングが行われている。全国の保全林を森林の状態、水源地としての重要性、傾斜などの地形や土壌、といった要素から、「保護林」（Cゾーン）、「経済林」（Eゾーン）、「農業適地」（Aゾーン）の三つのカテゴリーに分類した。分類は、衛星画像、航空写真、地図のほか、関係機関が保有するデータを用いて行われた。この内、Aゾーンとされた林地は農地改革事務所に移管され農民に分配されること、Eゾーンは木材プランテーションなどの植林地となることとされた［森林局 1992 : 9–10］。分類結果は、一九九二年三月一〇日と一七日の閣議で承認されている［「年次報告書」一九九四年］。

この分類作業は、一九八九年の商業伐採コンセッション全面停止後に、森林・土地資源利用の実態を明らかにすべきとの考えから、当時の農相が指示していた。さらに一九九一年に国家森林政策委員会の決議で、森林局が六ヶ月以内に実行することとされた［森林局 1992 : 9–10］。

その上で、一九九三年五月四日の閣議で、国立公園などの保護区を除く、住民が居住・耕作しており荒廃している保全林および永続林を全て農地改革事務所への移管する旨、決定されたのである。Aゾーンの全て、一万一五五二平方キロメートル、及びEゾーンの内、森林としての状態にない土地、五万九二九六平方キロメートル、合計七万〇八四八キロメートルがこの対象となった［「年次報告書」一九九三年：40］。移管後、一九九五年の森林局と農地改革事務所の合意に基づき、移管された土地の中に点々と残存している森林は、再度、森林局に戻されることになった［「年次報告書」一九九六年：4］。約一六〇平方キロメートルが返還される見込みである［佐藤 2002：65］。従来の、森林局による So Tho Ko による耕作権付与もこれに伴って終了し、対象地は一九九三年にやはり農地改革事務所に移管された。すでに発行されていた So Tho Ko 証書は自動的に So Po Ko 4–01 証書に切り替えられた。

この農地改革事務所への荒廃林地の全面的移管について、当時の森林局長の話では、農地改革事務所が農民に配分するための土地がなくて困っていた。そこで、荒廃林地に目をつけた。森林局としては、同じ農業協同組合省に属する組織同士という誼もあって断れなかったのだという。別の元幹部職員は、当時の農業協同組合省大臣の独断で閣議に提案し、承認された。森林局の反発も強かったが、大臣は早急に作業を進めさせ抵抗を許さなかったという。なかには、（当時の）局長は、林地を手放したことを自らの功績にしている、と非難するものもいる。おそらく、局内には相当の反発があったが、局長は苦渋の決断を迫られたのだろう。

So Po Ko 4–01 証書付与は、国家保全林内で居住・耕作する小農の耕作権の追認としての効果はあった。しかし、移管された林地は既に耕作者がいたので、農地改革の本来の趣旨である土地なしへの土地配分にどれほど寄与したのかは疑問である。この農地改革事務所への移管と So Po Ko 4–01 証書付与が従来の森林局による耕作権付与と異なるのは、国家保全林の枠組みから離れて、実際に残っている森林とそれ以外の土地を区分し直した上で、森林は「保護林」に再編し、残りは農地として分配したことである。国家保全林は、ここに実質的に解体されたといってよい。商業伐採の停止に伴い、森林の役割が生物多様性や水源涵養といった自然環境保護中心に再定義された。つまり、国家の「区切る論理」の中身が変更されたのである。

ゴンカム村はこのような一連の耕作権付与の動きとはまったく無縁だった。一九九六年まで自動車が通行可能な道路がなかったこともあり、商品作物栽培も普及せず、わずかな集落と耕地のほかには良好な森林が残ったままだった。これが逆にあだになった。荒廃した森林ならば耕作権が与えられたのだが、森林を破壊せずに残したがゆえにその対象にならなかった。国立公園のすぐ外側にある近隣の村々では、法的根拠のなかった農地のほとんどにSo Po Kho 4-01証書が交付された。これを待たずに、一九九一年にパーテム国立公園が指定され、ゴンカム村はそのまっただ中に囲い込まれてしまった。村人たちの暮らしは、様々な森林政策の動きからは事実上、ほぼ無縁だった。そこにある日、突如として、初めて彼らの暮らしに実質的に制約を加えるものとして、国立公園が立ち現れたのである。

2　自然保護への「区切る論理」の転換

「保護林」の制度的側面

農地改革事務所への移管による荒廃林地の切り離しで、実情にあった形で森林と農地の線引きをし直した。荒廃林地の農民へ分配と同時に、残った森林は「保護林」とされ管理を強化されることになった。「保護林」「保全林」「その他の森林」の内、「保護林」を中核にした森林管理に再編された。地域住民にとっては、実際のところ木材生産、もっと具体的にいえば伐採のみに関心があった国家保全林とはまた別の、新たな国家の「区切る論理」に直面したことになる。それがどのようなものだったのかを考えるにあたり、まず、「保護林」の中心である国立公園や野生動物保護区の制度につき、それぞれ、法令上の規定を簡潔に整理してみよう。国家保全林から「保護林」に森林管理の中心が移ったことで、単純に制度的に何が変わったのだろうか。

(1) 国立公園

国立公園は一九六一年の「国立公園法」による。一九八九年に商業伐採が全面禁止されたことに伴う一部文言の改正がなされているが、実質的な変更はない。同法によれば、国立公園の指定は政府が政令（phraracha krisadika）で行う（第六条）。区域の変更や廃止も同様である（第七条）。国立公園に指定することができるのは、私人の土地所有権や占有がない土地である（第七条）。

新たな国立公園の候補地選定、国立公園の管理保護、そのほかの事項につき、担当大臣である農業協同組合省大臣に助言を与える、「国立公園委員会」（khanakamakan uthayan haeng chat）が設けられた。農業協同組合省事務次官が委員長となり、関連する省庁からの代表に加え、内閣が任命した一一名の委員からなる（第九、一五条）。

国立公園内では、土地の占有、火入れ、建物の建設はもとより、木材や動植物をはじめ、およそあらゆるものを採取することで公園の状態を劣化させることも禁じられる（第一六条）。「担当官」（phanakngan chaonathi）は、違反者を公園からの退去させ逮捕することができる（第二〇条）。「担当官」は農業協同組合省大臣が任命するが、公務員身分を持つ森林局員全員に加え、非公務員の公園レンジャー、さらに県知事や郡長が含まれていた。

(2) 野生動物保護区

野生動物保全保護区は、一九六〇年の「野生動物保全保護法」による。同法は、保護区に加え、保護動物の取り扱いなどについての規定も含む。一九九二年に全面改正されたが、ここで扱う野生動物保護区の指定や管理といった骨子に変更はない。国立公園委員会同様、「野生動物保全保護委員会」が設置される（第九条）。委員会は野生動物保護区指定にあたりその計画に同意を与え実務を管理する（第一五条）。

野生動物保護区については、主に第六章（第三三〜四二条）で定められている。指定の手順や条件は国立公園と同様、内閣が政令をもって行う（第三三条）。区域内での制約は国立公園より厳格で、土地占有、火入れ、あらゆる動植物や鉱物の採取・損壊のほか、放牧など外部からの動物の持ち込み、さらに、「担当官」の許可なしに区域内に立ち入ることも禁止される（第三六〜三八条）。「担当官」の構成や野生動物保護区管理についての権限は、国立公園とほぼ同様である。

国家保全林でも、居住や耕作は認められておらず、それ以外の利用についても許可を申請する必要があった。地域住民にとってはこれでもすでに十分、厳しかった。国立公園や野生動物保護区では、より一層、利用は制限されるが、そういう建前の違いはそれほど重要ではない。国家保全林と違い、各国立公園・野生動物保護区にはそれぞれ詰め所と常駐のスタッフが置かれ、取り締まりを行うなど、実質的に規制が強化される態勢になったことが最大の変化だった。

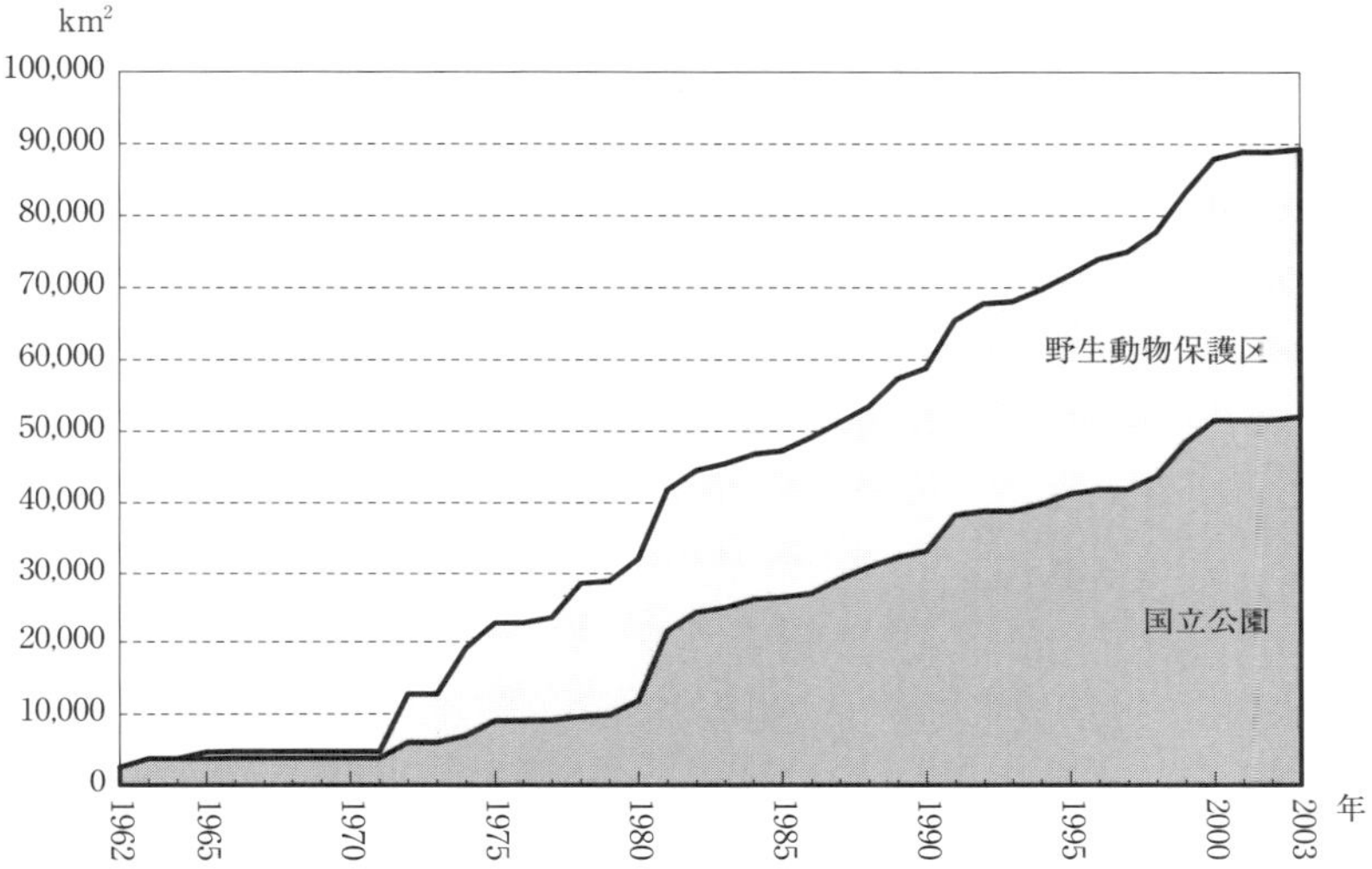

図 3-1　国立公園・野生動物保護区の増加

官報掲載記事に基づき，筆者作成.
森林局［1996］，国立公園局 HP（http://www.nationalpark.go.th/）を補足的に参照した.

「保護林」の拡張

二〇〇一年時点で、国立公園が一〇二ヵ所五万二二六三・五二平方キロメートル、野生動物保護区が五五ヵ所三万四八九七・七六平方キロメートル、合わせて国土の約一七パーセントを占めている［森林局 2002a］。国立公園や野生動物保護区の指定は一九六〇年代から行われてきたが、一九七〇年代初め、一九八〇年代初め、一九九〇年代初めに特に顕著に増加しているのがわかる（**図3-1**）。一九七〇年代初めは、国立公園法制定以降、順次、作業を進めてきたものの指定公示が重なったものだが、後の二回は、それぞれ、一九七〇年代末と一九八〇年代末に、「保護林」を大幅に拡張するという政策がとられた結果である。

一九七〇年代後半は、森林保護政策が強化された時期であった。一九七三年からの政党政治の後、一九七六年一〇月のクーデターで再び軍事政権に戻り、さらに翌一九七七年のクーデター後に成立したクリアンサック政権は、それまでのいわば軟弱な農民の国有林の不法占拠や違法伐採に甘かったポピュリスト的な姿勢から一転して、森林破壊に対し、厳しく取締まり厳罰を課すという態度で臨んだ。国立公園と野生動物保護区を増やしたのも、そうした不法占有や盗伐の防止策の一環だった[9]。その後も、引き続きプレーム政権により森林保護強化が謳われたが、森林被覆率は下がり続け、一九八〇年代中ごろには三〇パーセントを割り込んでしまう（図1-2）。このようなことから、一九八〇年代後半には、都市中間層を中心に環境問題への関心が高まり、商業伐採を続ける森林局への批判が強まった。こうした圧力を受け、森林局は木材生産から自然保護に軸足を移した。これが一九九〇年代初めの大幅な「保護林」の拡張の背景である。その後も「保護林」指定は進められ、一九九〇年代後半になっても大幅な延びを見せている[10]。

一九七〇年代末の「保護林」拡張の時には、森林局内で林業関係の部署からの反発が強かったというが、一九八九年に商業伐採が全面停止となり、一九八〇年代末からの「保護林」拡張には何の反発も起きなかった。一九九二年には機構再編を行い、林業関係の部署を縮小して自然保護関係の部署を拡充した。以降、自然保護が森林局の中心的業務として不動の地位を獲得した[11]。

紛争の増大

国立公園・野生動物保護区の指定をしようという計画がでると、まず、森林局長が国立公園長・野生動物保護区長を任命し現地調査をさせる。その結果をもとに国立公園委員会・野生動物保護委員会での審査を経て閣議決定され、政令での正式指定となる。この指定前の現地調査は、現地での臨時雇用の要員のための予算は支給されるものの、森林局から派遣される正式なスタッフとしては国立公園長もしくは野生動物保護区長の一人だけなので、きめ細かな検分をする余裕はなく、中に集落や耕作地がある場合でも大きなものでなければまず国立公園・野生動物保護区として囲ってしまい問題は後から解決すればいいというスタンスだった[12]。つまり国家保全林と同様だった。

指定後に入り込んだものはもちろん、指定前からあった区域内の集落や耕地の「問題」も移住によって解決することが前提だった。必ずしも全ての国立公園・野生動物保護区でこれが実行されたわけではないが、実際に移住計画が持ち上がれば、当然、住民は抵抗する。例えば、東部のカオアンルーナイ野生動物保護区が一九九一年に大幅拡張されたのに連動して、該当地に居住していた農民の大規模な移住計画が行われた。元々、ほぼ無人の森林地帯だったが、一九六〇年代ごろから、商業伐採の跡地に、多くは東北部から土地を求めて農民が入植し一気に森林が減少した。移住は一九八八年〜一九八九年と一九九一年の二回に分けて行われ、それぞれ、六ヶ村四八八世帯、八ヶ村四一三世帯が立ち退いた。特に一回目には、一部の村で地元有力者や資本家と結託し、森林局からの再三の警告に対し、より多くの入植者を集めて数を頼んで抵抗する構えを見せたため、森林局側も強硬な態度をとらざるを得ず、一八二人の逮捕者が出る結果となった。他にも、官邸前での座り込みや政治家を使った圧力、人権団体やマスコミによる非難もあったが、結局、悪質だった三ヶ村一四三世帯を除き、保護区外側に設けられた「森林村」による四ヵ所の代替地に移住した［森林局 n.d.］[13]。

その後、住民の抵抗により移住計画が頓挫するようになる。なかでも最も大規模だったのは、「農業のための土地配分プロジェクト」（khrongkan chatsan thidin tham kin phuea kasetrakam、通常、「Kho Cho Ko」と呼ばれる）である。これは軍主導で保全林内の農民を強制的に移住させ、跡地で産業用の植林を行う計画だった。一九九一年から一九九五年の間に一七県四万六一三二人を移住させるという大規模な計画だった。計画の実施段階では、直接、軍隊を動員するという荒っぽいやり方で、「森林村」ではスキームに含まれていた移住先での社会資本の整備や雇用対策もなかった。さらに深刻だったのは、移住先の農地が悪条件でしばしば耕作不能な荒れ地だったことだ。このため、一九九二年五月の民主化運動の影響もあり、農民による大規模な抵抗を招き、結局、同年七月には計画の撤回を余儀なくされた。農民達は同年末までに移住前の土地へ戻り計画は完全に失敗した。軍がこうした安全保障や治安維持と無関係な森林の問題に容喙した背景には、ベトナム戦争や国内での反政府活動の沈静化によって軍の役割が低下してきており、それに対する巻き返しを図ったという事情があるという［Pasuk 1994］。

Kho Cho Ko の失敗で懲りたのか、それ以降、区域内の集落や耕地の問題を移住によって解決することは困難だという認識が森林局内で次第に強まってきた。保護部門の職員によれば、移住計画は事実上、断念している状態だという。反対運動が怖いのに加え、移住先となる代替用地を探すのが非常に困難だからだ。にもかかわらず、もし可能なら、やりたい、というのが依然として彼らの本音ではある。(14)

「保護林」からの移住計画は持ち上がらない場合でも、国立公園や野生動物保護区の指定に伴い、本部事務所のほか多くの詰所が設置され、警備の職員数も国家保全林のときに比べ断然、多くなる。従って、地域住民の生業に対してははるかに多くの実質的な制約が課せられることとなる。違法伐採で生計を立てていくのが困難になるのは言うまでもない。慣習的な土地占有に基づき、必要に応じ、森林を開墾し耕地を広げる、あるいは、家を建てるにあたり占有してある森林から木材を切り出す、そういった、それまで当たり前になされてきた日常的な生業活動が取締まりの対象となった。辛うじて、キノコやタケノコといった木材以外の生活に必要な物資を採取することは、違法ではあるが現場の裁量で黙認されているという有様となる。ゴンカム村で起こったことがまさにこれである。ゴンカム村は加わっていないが、同じパーテム国立公園周辺のいくつかの村では、指定当初、村人が結束して、公園指定が不公正であると訴え、国立公園事務所と交渉し、従前通りの自給用に限り、木材を含めた生活必需物資の採取を認めさせている(15)。

実のところ、ゴンカム村を含め、パーテム国立公園周辺の村々では、比較的おおっぴらに違法伐採が行われていた。村人にとって貴重な現金収入源になっていた。伐り出した木をそのまま売るのではない。それで一度、家を建てる。その家ごと売るのである。刻印のある木材以外は販売が禁じられていたが、使用済みのものは例外扱いされたからだ。ゴンカム村では、国立公園指定後、村人が家屋を建造するときには、村落委員会（村人の互選による）が本当に自給用である旨と、必要な木材の量とを国立公園事務所に書類で届け出て、黙認してもらうという非公式な合意ができていた。この合意ができる前に家を売ったある村人は、それでピックアップトラックを買った。現在、村で唯一の自動車である。合意成立以降は、村落委員会がチェックするため「家売り」のための木材切り出しは原則、不可能になった。しかし、借金がかさんで他に方法がないなど、村落委員会の判断で目をつぶることもあったようだ。ところが、この材木切り出しに関する合意は二〇〇二年に国立公園事務所側が反故にした。減ったとはいえ、まだ「家売り」が完全になくなっていなかったことが原因のようだ。その後は村落委員会のコントロールは行われず、村人が随意に伐るようになった。ただ、それによって伐採量が増えたというわけでもないようだ。

全般的に、一九九三年に始まった、この地域を対象にした森林局によるコミュニティ林のプロジェクトが理解を得るに従い、周辺の村落での違法伐採はなくなっていった。唯一、フンルアン村（ゴンカム村の隣村）では、村人が集団で武装して抵抗し、国立公園のレンジャーたちも跳ね返すほどで、一九九八年には銃撃戦で国立公園のレンジャー一人が射殺される事件も起こった。しかし、ここでも、話し合いを重ねた結果、二〇〇二年頃には、違法伐採をやめ周辺の森林をコミュニティ林として管理することでまとまり、ようやく落ち着いたのである。

このように国立公園・野生動物保護区指定後すぐの時期には、小競り合いが起こったり、一部に盗伐団が残ったりすることはあるものの、多くの国立公園・野生動物保護区では、区域内や周辺に暮らす住民が自給目的で資源を利用することは黙認されている。ただし、北部や西部の山地では、生態系や水源林の保護という名目で、山地民による焼畑を常畑に転換させようという厳しい政策的圧力が加えられてきた。常畑でのキャベツなど換金作物栽培に対しても、下流域への悪影響から、その制限や排除を求める声が低地民から上がっている地域もある。後述のような住民運動と政治的判断の結果、「保護林」内の農地をどうするか、それなりの解決策が採られるに至ったが、特にセンシティブな水源林とされる区域など、合意されていない部分もある。未解決の課題や局地的な紛争はあるもの、全体的には、国立公園・野生動物保護区の現場事務所レベルで区域内の資源や土地利用については現状維持の範囲で「黙認」（anurom）する。つまり、住民が生活できるようにしつつ、これ以上の破壊を防止するというバランスで妥協が図られてきた。そうした現場での黙認を引き出したのは、地域住民が、それ以上、森林を破壊しない、また、積極的に維持管理を行うという姿勢を見せたからでもある。

3 せめぎあう「区切る論理」――「保護林」内耕作権と「コミュニティ林」

再び耕作権付与

一九八九年に商業伐採が全面禁止されると、その跡地管理をどうするかという問題が浮上した。それまで持続的な木材生産が森林管理の中心課題だった。それをどのように方向転換するのか、残された森林を誰がどのように利用・管理するのかということである。これには大きく別けて二つの動きがあった。一つは前節でみたような「保護林」の拡張である。つまり、木材生産をやめた後の森林は貴重な自然環境として保護しようという考え方で、前にも述べたようにこれが森林局の組織防衛をかけた中心的戦略だった。もう一つは、地域住民を森林管理にどう取り込むかという問題で、後に述べる「コミュニティ林」をめぐる動きにつながってゆく。

国立公園や野生動物保護区といった「保護林」が拡張されるとともに既にそこに暮らす住民との紛争が増えるのは自然な成り行きだった。国家の「区切る論理」が実効性を持つようになると、それまで野放しだった農民の側の「区切る論理」と衝突するようになったのだ。先に述べたような移住計画への反対運動だけでなく「保護林」内の農地や居住地の権利認証を求める声が高まってきた。「保護林」内にある集落や耕地は、一九九三年のSo Po Ko 4-01をはじめ、いかなる耕作権付与からも取り残されてきた。しかし、結局、そうした住民運動に応える形で耕作権付与を余儀なくさせられる。

一九九七年一月、全国の住民団体の連合体である「貧民連合」(samacha khon chon)が、バンコクに集まり、政府に対し、数々の要求を掲げて座り込みを行った。これには、農地、ダム、森林、スラム、といったさまざまな問題が網羅的に含まれていたが、「保護林」内の土地問題もその一つだった。当時のチャワリット内閣と貧民連合との話し合いの結果、四月一一日に原則合意に達し［Bangkok Post 1997 Apr. 20］、その内容が四月一七日の閣議で承認されたのだが、「保護林」内の土地問題については、「保護林」指定以前から耕作・居住されている土地の権利を保障するとし、そのための調査が終わるまでの間、政府は移住計画を実行しないことを約束した。[16]

一九九七年の経済危機のなか退陣したチャワリット内閣に代わり同年一一月に発足したチュアン内閣は、一九九八年六月にこの前政権の一連の閣議決定に代え、いかなる法的な指定を受ける以前からの占有についてのみ耕作権を認める、と修正した。つまり、国家保全林指定以前からの占有に限定するということで、より厳格な条件となった。これについては、古い航空写真と実地検分を併用して、より緻密に調査することとした［未公刊資料⑧］。

調査は以下のような手順で行われている。

1　耕作者に申告させ、それを登録する。
2　係官を現地に派遣し、申告のあった土地の検分し、現状保存する。
3　保全林指定以降で最も古い航空写真上に確認された耕地で、その後も継続的に耕作されてきたところのみ耕作権を認める。

しかし、このようなスキームは、農村での土地利用の実態にそぐわない場合もあるという。例えば、一～

二年、休耕して出稼ぎに行き、その後、戻って耕作を再開した場合、条件を満たさなくなる。一方、南部で多いゴム園や果樹園では、長期間、実際の管理・収穫をせず放置していても条件を満たすことになる[17]。東北部では、水田の周辺に「pa hua rai plai na」と呼ばれる森林が残されている。これは、多くは耕作放棄後の二次林だが、必要に応じて再び開墾され、各世帯で必要な木材や林産物を採取する場となる。こういった土地は一切、認められない。実際、ウボンラチャタニ県のある村では、これに反発し、現在、森林である部分も含め、慣習的に村人が占有している土地全ての権利が認められるべきだと主張して、係官による調査を拒否した[18]。北部のチェンマイでは、山地の焼畑耕作民の場合、村人は休閑地も含めて「申請」し、係官もその趣旨に従ってそれを受付けて調査しバンコクに送ったものの、認められるかどうかはわからないとのことであった[19]。

ウボンラチャタニ県でこの作業に従事する係官は、国家保全林指定後に開墾した土地であっても、村人がその土地をあきらめ耕作をやめるとは考えにくく、さらに、「現状保存」した標識も「動かすことができる」ので、更なる開墾や「不法占拠」はなくならないだろうという見解だった。

ゴンカム村もこの耕作権付与の対象になった。ほかの村々と同様に、国家保全林指定後に開墾された農地も多く、加えて、村人たちは耕作放棄した二次林など占有してある森林に対しても権利が認められるよう望んでいるので、困難な作業になるだろう。しかし、ともかく、長い村の歴史のなかで、初めて、村人の居住や耕作が法的に裏付けられることになる。

コミュニティ林

住居や農地の権利を認めるよう要求するほかに「保護林」内で耕作・居住する人々がその生活基盤を守る

ためにとった戦略として、「コミュニティ林」（pa chumchon）がある。コミュニティ林は、地域住民が、身近にある日常生活に使う物資をとるための森林を共有の財産として自らの手で管理するというものである。一九八〇年代末よりこうしたコミュニティ林を実践し公的認証を求める運動が盛んになった。もともと、北部などでは慣習的に水源林や材木や山菜を採るための共有林を村人たちが管理してきた事例もあったが、規則を成文化し管理の組織を明確にし、よりシステマティックなものとなった。そういう古くからあったもののほかに、全く新たに規則や組織を立ち上げた事例も多数ある。

こうしたコミュニティ林の設立・管理について、新たに立法を行い、その基準やルールを明確にしようとの動きが一九九〇年代初めに出て、議論が重ねられてきた。「保護林」内のコミュニティ林に反対する森林局や自然保護団体との意見集約がうまくいかず[20]、法案は構想から一〇年以上を経て、二〇〇一年一一月、「保護林」内のコミュニティ林を認める案で下院を通過するに至った。しかし、翌二〇〇二年三月、上院は、土壇場で、「保護林」内のコミュニティ林を不可とする修正を加えた［森林局 2002b］。その後、具体的な進展のないまま、二〇〇六年のクーデターを迎えた。暫定政権下での立法議会（sapha niti banyat haeng chat）が二〇〇七年四月に法案の再検討を始め［Bangkok Post 2007 Apr. 10］、二〇〇七年一一月には、いくつかの条件つきではあるものの、「保護林」内のコミュニティ林を認める法案が可決された［Bangkok Post 2007 Nov. 22］。

このコミュニティ林法の趣旨は、森林の管理を地域共同体だけに投げ渡すというのではなく、ＮＧＯや役人との協調により、地域の実情にあった、地域住民の利益にもなるような森林保全を実現しようというものである。ある意味で、これは、従来から行われてきた「黙認」関係を公式に認め、ルールを明確にするものである。しかし、コミュニティ林そのものには積極的な森林局職員でも、「保護林」も含めいかなる土地にもコミュニティ林が設置可能との案には危惧の念を抱く。もし、この法律にもとづいて「保護林」内にコミュニティ林が設置されてしまうと、法律の後ろ盾があるだけに簡単には取り消せない。従来のような現場の裁量に一定の足かせがかかることになる。確かに、普遍的な法制度で権利を保障することは意義のあることだろう。しかし、もしそうなれば、法制度からかなり自由な現場の裁量によって法令違反が処理されることもなくなるだろう。違反者に対しては法に厳格に従った処断がなされるだろう。それが利用と保全のバランスとなるであろうから。しかし、そのように硬質でぎくしゃくしたやり方がタイの農村社会になじむとは思えない。

結局のところ、両者の信頼関係の醸成と実践の積み重ねが先決で、その中から各地の多様な森林利用を包含しうる制度設計を考えるほうが実効的かもしれない。そういうある種の緊張を伴った協力・信頼関係を促すような制度は何かということである。これまでのような建前と現実の乖離が大きく、その中で現場での裁量で対処する「やわらかい保護」は、法制度の権威や信頼性という点では議論があるだろうが社会システムとしてはむしろ安定しているのではないだろうか。

「やわらかい保護」を活かして

一九八九年の商業伐採の全面的禁止後、自然保護政策が強化され、国立公園や野生動物保護区といった保護区が拡張される一方、荒廃林地の農地改革事務所への移管とSo Po Ko 4-01証書の発行、さらに、最近では一九九七年の閣議決定に基づく「保護林」内での国家保全林指定以前からの居住・耕作地にSo Tho Koを発行するための調査も進められている。それ以外の森林では、参加型森林管理への政策転換が図られ、コミュニティ林となってゆくのだろう。しかし、本当に建前と現実の矛盾は、徐々にでも解消に向かっているのだろうか。

国家保全林制度に限れば、制度と現実の乖離は解消されつつある。というより、国家保全林制度自体が実質的に解体され、「保護林」が中心となった。しかし、新たな矛盾の芽が既に生じつつある。ここでその詳細を論じることはしないが、「保護林」内の耕作権付与にせよ、コミュニティ林法にせよ、全国一律に、かなり詳細な条件を設けている。現場では、早くも、これを規則どおりに実施することは無理、あるいは、それでは実態は何も改善されないといった声が聞かれる。例えばコミュニティ林でも、法律の定めるガイドラインには合致しないまま、「事実上」のものとして残るケースが出てくることが予想される。森林局は残された森林を、それ以外の事実上、森林でなくなっていた土地から切り離し、「保護林」に再編した。「保護林」では、それまでの保全林と違い、実質的に保護するシステムが伴っていた。この新しい国家の「区切る論理」は、それまで放任されてきた農民の「区切る論理」になおも一部、抵触することになった。農民側は「保護林」の内部でも、彼らの権利について主張したのである。国家は「保護林」内での耕作権付与とコミュニティ林を一定条件下で認めることですりあわせをはかった。国家と農民、双方の「区切る論理」の公式のすり合わせである。この妥協点は、しかし、農民の「区切る論理」からはなおも距離があった。この距離は、国家の側からの公式な歩み寄りは困難であり、建前と現実が乖離した状態のまま柔軟に扱われることになる。

このような、絶えず制度に反する現実を生み出し、その幅の中で柔軟に物事を進めてゆくこと自体の是非は簡単には判断できない。しかし、こうした特質を踏まえた上で、物事を論じ、予測をする必要があろう。地域住民の「権利」が盛んに喧伝されている。(21) 近代的な法治国家において、権利は制度によって保障されるものである。しかし、制度だけを論じても意味の無いことはこれまでの議論から明らかである。まず考えるべきは、森林保全と調和した形で地域住民の生活が向上するためには具体的に何が必要なのかという実質であろう。多様な地域の実情に応じ、そうした現実をもたらすような建前としての制度を、「歩留まり」を考慮し逆算する。「歩留まり」分の幅は臨機応変に対処するべきクッションとして、「やわらかい保護」の基礎として積極的に評価することもできよう。何も制度に照らして「合法」であることばかりが大切なわけではない。

第四章

国立公園という「社会生態空間」
──「やわらかい保護」がつくりだしたもの

国家保全林、商業伐採、耕作権付与——森林がなくなり、政府や社会がそれに対してさまざまな動きを見せた。ゴンカム村も間違いなくそのなかにあったはずだが、実際の村人たち暮らしには、そのような動きとはほとんど無関係のようであった。

ところが、一九九一年の国立公園指定で事情は一変する。先にも述べたように、国家保全林は、指定はされたもののパトロールや管理の体制はほとんどなかった。ゴンカム村は、村人のほとんどが知らないまま、国家保全林に囲い込まれてしまったのだが、村人の日常生活への影響は無きに等しかった。しかし、国立公園はそういうわけには行かない。公園本部のほか、詰め所も設置され、監視の目も厳しくなった。長年、この土地に暮らしてきたゴンカム村に対して、法律を文字通り適用して、一切の生業活動を禁止し、域外に強制的に移住させるような荒っぽいことはしなかったが、村人の生業活動が一定の規制を実質的に受けるようになった。土地勘にすぐれた村人には、「抜け道」はいくらでもあったが、やはり不便で窮屈なのは間違いない。しかし、単に、不便をあげつらうだけでは、国立公園と村人の関係の全体を捉えることはできない。

良くも悪くも、国立公園という社会的装置——法律が定める制度の建前と実際の現場での運用を含め——、森林をはじめとする生態的環境、そのなかで展開する村人の暮らし、この三者が絡み合いながら、ひとつの秩序をつくっている。ここでは、その、「社会生態空間」とでもいうべき全体像を探ってみようと思う。

村人の暮らしぶりや考え方が自然環境を守る立場から見てあまりに危険であれば、そのままには放置できない。国立公園になった現在では、放置しないための手段はある。一方、村人の側でも、国立公園という制約が耐えられないものであれば、激しく抵抗したり、別に生きる場所を探したりしただろう。ゴンカム村での暮らしぶりは、昔は近隣の村々とそれほど違わなかったのが、国立公園の内と外に分かれてからしばらくして、現在ではかなり異質なものになっている。国立公園という装置、村人たちの暮らしぶりや生活に対する考え方、生態的環境、のバランスによって、そういう異質な村が維持されてきた。国家の「区切る論理」と農民の「区切る論理」のせめぎ合いのなかで、「つながりの論理」の余地をも残した。「やわらかい保護」の健在ぶり、その具体的な現れがここにある。

1 国立公園による村人の暮らしの制約

耕地の不足と飯米の不足

村人が、最も大きな問題として挙げるのは、耕地が拡張できないということである。

二〇〇一年四月時点で村で実際に居住していた六八世帯につき、耕地面積、米の収穫量・消費量、現金収入について戸別に聞き取り調査を行った。

まず、耕地面積だが、村の農業の中心は水田耕作で、面積の上でも水田が耕作地の大半を占める。すべての村人の水田を合計すると約四二ヘクタールになる。村のなかには、地主＝小作のような顕著な階層の違いはないが、所有する水田面積は、世帯により差がある。六八世帯の内、六世帯は「土地なし」である。そのほか、多くの世帯の水田面積はせいぜい一〇ライ（一・六ヘクタール）までである。最大で五ヘクタールを持つ世帯があるが、かなり例外的である。

この村全体の水田から得られる、毎年の米の収穫量の合計は、二〇〇〇年には四万八五八九キログラム、一九九九年には四万二三六五キログラム、一九九八年には三万五四七二キログラムだった（いずれもモミ）。

水田のほかに、二四世帯が陸稲を栽培しているが、その面積は微々たるものである。陸稲の収穫量は、二〇〇〇年の分について、一五世帯から回答を得られた。合計で二八八六キログラムである。残りの九世帯は、水田の収穫量と一緒くたになっていて判別できないとのことだった。二〇〇〇年については、上に示した、村全体の水田からの収穫量に、この二八八六キログラムを加えれば村全体の米の収穫量の正確な数字になるが、いずれにしてもわずかな量である。

全六八世帯のなかで、米を自給できていると明言したのは六世帯に過ぎない。このほか、明言はしなかったが、一九九八〜二〇〇〇年の三年間の収穫量が消費量より上回った世帯が三世帯あった。つまり、ほとんどの世帯は、農地はあるのだが、飯米を自給するには足りていないのである。各世帯で、おおよそ、一年間に食べる米の量を尋ねてみた。六八世帯中四八世帯で回答が得られた。それを合計すると年間八万二三六六キログラムになった。この数字を基に、回答が得られなかった二〇世帯につき、人数比で計算すると、合計三万三五五七キログラムとなった（いずれもモミ）。両者を合計すると一一万五九二三キログラムとなる。これを村全体の米の消費量の推計値として、水田による米の自給率を計算すると、二〇〇〇年で約四二パーセント、一九九八年では三一パーセントとなる（**図4-1**）。この消費量の推計には、おそらく陸稲分も入っていると思われる。これに、二〇〇〇年のように判別可能な陸稲の収穫量分を加味すれば、自給率はあと二〜三パーセント上昇するが、いずれにしても、三〇パーセント強から四〇パーセント強にとどまり、よほど豊作でなければ五〇パーセントに届かないだろう。

現在、このように、平均、三〇〜四〇パーセント程度しか飯米を自給できないのは、国立公園に指定されて以来、取り締まりが強化されたため、足りないからといって新たに開墾して田畑を広げることができなくなったためだという。つまり、耕地不足が飯米不足を引き起こしているのである。実際、各世帯での聞き取

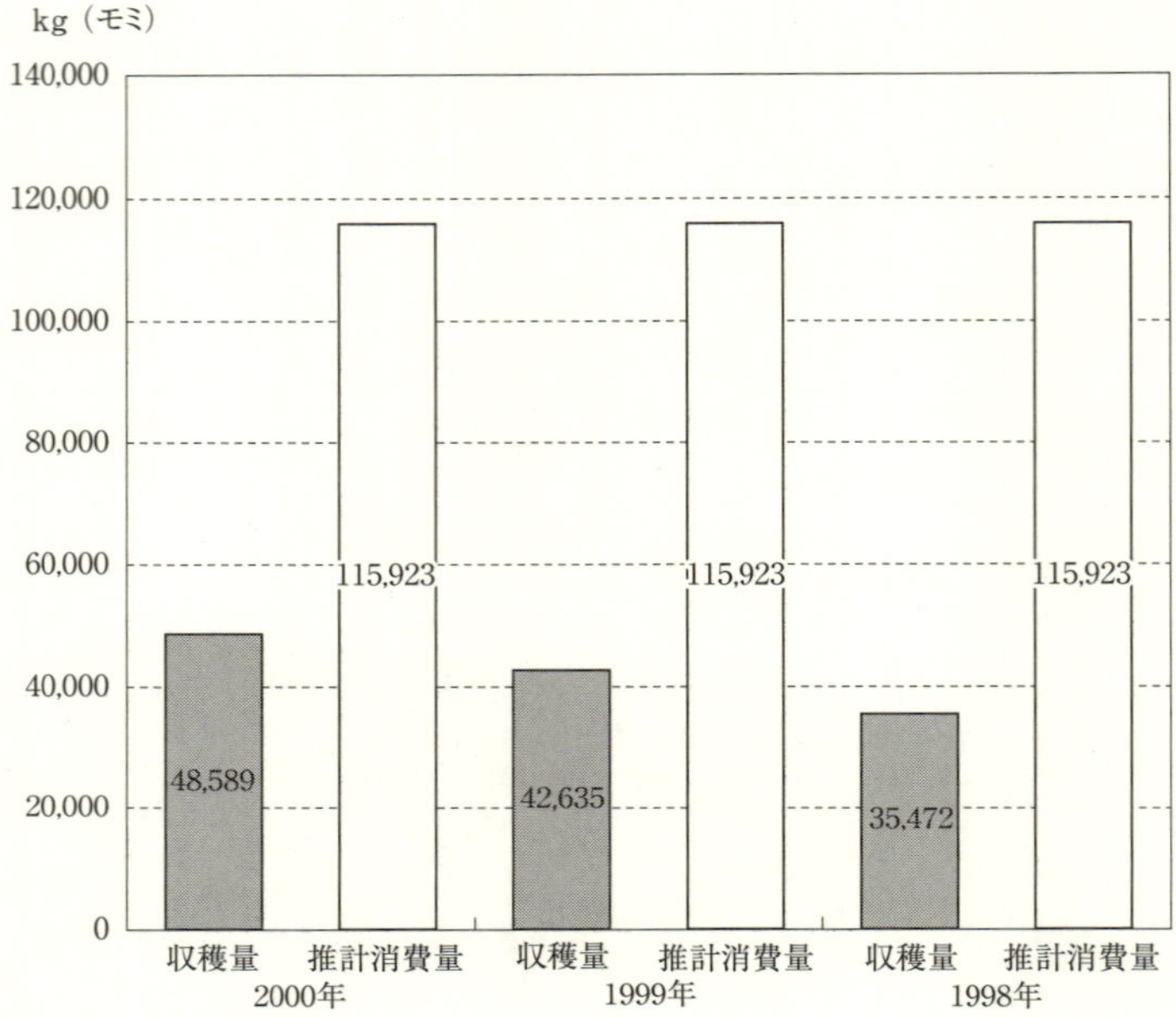

図 4-1　米の自給度

り調査によれば、村人たちは、耕地のほかに合計約一〇三ヘクタールの占有林を持っている。チャップチョーンの慣習による占有地である。原生林もあるが、多くはかつて耕作されていた二次林である。これが水田面積の二・五倍もある。本来なら、これを開墾して水田を増やすことで米不足を補いたいところだが、取り締まりのためできない。潜在的耕地はあるが開墾できないのである。

しかし、生きるためには食べなければならない。実際、ほとんどの村人は、自分で収穫する以上の量の米を毎年、消費しているのだ。この不足分は、どうやって補っているのだろうか。

まず、最も一般的な方法として、よその村へ行き、物々交換で米を確保する。森で採れる材料で作るムシロやホウキ、タケノコの缶詰、バナナ、キンマと一緒に噛むクーンの樹皮などを持って、親戚や知人の家々を訪ね、米と交換するのである。訪問先の村は、近隣村に留まらず、他の郡にまで及ぶ。こうした交換による米の確保は、米を自給できない村人の大半が行っている。上記の品々を市場で売り、その代金で米を買うこともできる。しかし、そうしたことはほとんど行われず、専ら交換による。交換のほうがより多くの米を手にすることができるためである。この交換、例えばホウキ一本、ムシロ一枚あたり米が何キロというようなレートは決まっていない。相手がどれだけくれるか、それ次第だ、という。期待していたより少なかったとしても、それに文句を言ったり、交渉したりすることはない。しかし、どんなに少なくとも、市場を介するよりレートは良くなるのだという。訪問を受ける側、つまり、ムシロやホウキなどと交換に米を差し出す側には、ゴンカム村から米を求めてきた人々への憐憫の情があるから、市場での相場よりは、幾分なりとも多めにくれるのである。だから、こうした交換を「乞食のようで恥ずかしい行為だ」と言う村人もいた。そのためか、米が不足するにも関わらず、一切、交換を行わず、わずかな現金収入で米を買う人もいる。

それでもやはり、交換は、飯米不足を補う最も一般的な手段なのである。聞き取りでは、全六八世帯中四三世帯が交換により米を補充していた。交換行の頻度や、一度に持ち帰る米の量は様々である。「「おみやげ」として持っていくもの（上記の品々）の有無による」という人もいる。このような交換は、昔からあったようで、不作の時に、野獣を担いでいって米と交換したという。

現在、交換に持ってゆく品物の内、バナナやホウキは、最近、ＮＧＯの促進策により多く作られるようになったものである。今では、さすがに、野獣を担いでゆくことは不可能になったが、そうした品物の変化や、交通手段の発達により、交換によって得られる米の量は、少なくとも可能性としては増加していると言える。また、実際にも、増えているのではないかと推測される。

このほか、「国立公園化により、開墾ができなくなった」と言うが、実際には、水田拡張を続けている人もいる。聞き取り調査によれば、一九九一年の国立公園化以降、水田拡張を行った世帯が一三世帯あった。そのうち八世帯は、現在でも開墾を続けている。現存の水田の周辺を毎年、取り締まりの眼をかいくぐって少しずつ拡張するのである。

陸稲栽培への圧迫

国立公園化によるもう一つの大きな変化は、陸稲栽培をめぐるものである。

村では、昔から、水田と並び、陸稲が栽培されてきた。モチ種の黒米である。水稲が「コー・コー・ホック」と呼ばれる改良品種に完全に置き換わったのに対し、陸稲は在来品種がいまだに残っている。五月に播種され、一一月に収穫される（**写真4-1**）。旧来、おもに一年から三年耕作した後、放棄するという、移動式の焼畑で栽培されていた。あるいは、水田を新たに開墾する際、一年目に陸稲を栽培し、その間に畦などを整え、翌年から水田化することもあった。国立公園化後、特に火入れに対する取り締まりが厳しくなった。そのため、たとえ限られた範囲の土地で耕作、放棄のローテーションを繰り返す形態であっても、焼畑での陸稲栽培は困難になった。

現在、村では二四世帯が陸稲を栽培している。このうち、過半数の一四世帯は常畑での栽培である。移動式の焼畑で栽培しているのは二世帯、水田拡張の途上で栽培しているのが六世帯である。土地の状況に応じ、その後、水田にするか、放棄するかを決めると回答した世帯が一世帯あった。残りの一世帯については不明である。栽培面積は、「水田の周りに少し」という世帯が多く、全体でどれほどあるのかはわからないが、実際に、わずかな面積であることが多く、最大でも二ライ（〇・三二ヘクタール）までである。

写真4-1　わずかに残る陸稲畑

先にも書いたが、二〇〇〇年の陸稲の収穫量が聞き取りで判明したのは、一五世帯で、その合計は二八八六キログラム（モミ）だった。この一五世帯の栽培面積は、内一二世帯の合計が一〇ライ（一・六ヘクタール）、残り三世帯は「少々」だった。仮にこの三世帯の面積を無視すれば、一ライ当たりの収量は二八八・六キログラムとなる。また、この三世帯の「少々」を一二世帯分の一〇ライと同じ比率で計算すれば二・五ライとなり、合計一二・五ライ、一ライ当たりの収量は二三〇・九キログラムとなる。同じ二〇〇〇年の水稲の収量（わずかに陸稲も含まれる）を水田一ライ当たりで計算すると、一八四キログラムとなる。つまり、現状では、水稲より、陸稲のほうが、土地生産性が高いことになる。

現在、陸稲を栽培している二四世帯のうち、六世帯は、場所や栽培形態を変えている。これは、具体的には移動式の焼畑はやめ、水田の周りで細々と栽培するように変えたということである。また、これ以外に、現在は陸稲を栽培していないが、かつては栽培していたことがあると答えた世帯が一七あった。つまり、合計二三世帯が、陸稲栽培に関して、何らかの変化を経験しているということになる。いつ陸稲を栽培していたか、いつやめたのか、あるいは栽培形態を変えたのかは、まちまちだが、大まかに、「変化」以前の様子を聞いてみた。この二三世帯のうち、一九世帯が、当時は移動式の焼畑で陸稲を栽培していたのだという。残りは、水田拡張の過程での栽培だった二世帯、常畑一世帯、二世帯は不明である。現在と対照的に、圧倒的に移動式の焼畑が多かったことがわかる。

さらに、現在と比較するための一応の目安として、それぞれの世帯の、「変化」以前の栽培面積や収量を集計した。上記の二三世帯が各々、「変化」以前に栽培していた時期のおおよその面積は、世帯あたり、一ライ（〇・一六ヘクタール）～五ライ（〇・八ヘクタール）と、現在より大きかった。ただし、二世帯は不明、一世帯「少々」と答えた。この三世帯を除いた二〇世帯分を合計すると、四四ライ（七・〇四ヘクタール）～五七ライ（九・一二ヘクタール）となった。この幅は、世帯によっては、この時期のなかでも面積の狭い広いがあったからで、各世帯の最小時の面積と最大事の面積の合計を示している。繰り返しになるが、世帯ごとに時期のずれがあるので、必ずしも、実際に、四四ライだった、もしくは五七ライだった年があったというわけではない。ただし、少なくともこの幅の範囲内で推移してきたということになる。

「変化」以前の収量が判明したのは九世帯、その合計は五九〇七～六一五二キログラム（モミ）だった。この九世帯の栽培面積の合計が二三ライ（三・六八ヘクタール）～二七ライ（四・三二ヘクタール）なので、一ライ当たりの収穫量は約二一九～二六七キログラムとなる。現在より少ない。しかし、世帯あたりの収量は約六五六～六八四キログラムと、現在の倍以上である。これはおそらく栽培面積が大きかったためだろう。土地生産性では現在より劣るものの、労働生産性、および飯米供給の観点では優っていたことになる。

さて、この二三世帯は、いつ、どのような理由で、陸稲栽培をやめた、もしくは栽培形態を変えたのだろうか。聞き取りの回答を整理したのが**表4-1**である。一九八〇年代初頭から始まっているが、初期に栽培形態の変化が起こり、その後、栽培の休止が続いている。先に述べたとおり、栽培形態の変化とは具体的には移動式の焼畑から水田脇での常畑への変化である。陸稲栽培をやめた事例は一九九一年に始まり、かつ同年に集中している。村人自身、国立公園を理由として挙げる。

このように、国立公園化以降の火入れに対する厳しい規制が陸稲栽培の可能性を狭め、飯米不足の一因となっている。国立公園化後、陸稲は、草地でのごく小規模の火入れでよい水田脇の常畑での栽培に限定された。その結果、栽培面積が減少し、収量も減少したのである。

水田耕作と移動焼畑の機能的組み合わせの瓦解

国立公園による規制が始まるまでは、水田拡張の進行と並行して移動式の焼畑で陸稲が栽培されていた。水田は、「ホン」と呼ばれる、小川の両側にひらけた平らな場所に拓かれるのが典型である。新たに開墾した土地では、少なくとも最初の一年、陸稲を栽培する。その後、水田に適した土地であれば、二年目以降、水田に転換する。つまり、開墾地を適性により水田と陸稲焼畑に振り分けてきたのである。この図式が国立公園による火入れの規制により崩れた。大っぴらに火入れをしなければならない移動式の焼畑はほとんど姿を消し、水田とその周りの常畑の組み合わせとなった。細々と、監視の目を盗んだ水田拡張が続いていて、拓いた年には陸稲を栽培するのではあるが、基本的に既存の水田の外延的拡大でありわずかな面積だ。焼畑に比べれば火入れによる「森林破壊」をごまかし易い。

陸稲焼畑から水田へ全面転換したケースは、必ずしも国立公園による規制強化によるものとはいえない。**表4-1**のうち、もともと陸稲栽培だけだった畑地を一度に水田化したのが二例ある。いずれも耕作地は典

表 4-1　陸稲栽培の休止/栽培形態の変化の年と理由

年	世帯数	栽培形態の変化/休止	理　由*
1981	2	変化：2	1：水田の増加 1：労働力不足
1983	1	変化：1	
1991	12	変化：2 休止：10	変化 1：将来の木材確保のため 1：水田への転換 休止 8：国立公園の規制強化
1993	2	休止：2	1：村の近くに国立公園の詰め所ができた
1995/6	2	休止：2	
1996	1	休止：1	
1997/8	1	休止：1	国立公園の規制強化
1998	1	変化：1	水田への転換
1998/9	1	休止：1	

*理由は，明確な理由が示されたケースのみ．

型的な「ホン」にあり、小川をせき止めることで良質な水田にすることができる。これは、徐々に水田化する過程を一度に行ったということであろう。なぜ、徐々に、ではなく、一度に行ったのか、理由は定かではないが、本来、水田に適した土地であり、これは合理的な行動である。一九八〇年以前にもそうした例があった可能性はある。しかし、水田化後、陸稲栽培が水田の周辺の常畑に限定されたのは、国立公園化による規制のためである。もし、規制がなければ、別の場所に、焼畑をつくり、陸稲を栽培していたであろう。

不思議なのは、水稲より陸稲のほうが単位面積当たりの収量が高いということである。陸稲は無施肥・無耕起なので、水田耕作よりはるかに楽である。なのに、なぜ、水田化に向かうのか。具体的データがなく推測でしかないが、以前のような開墾地の適性による振り分けが国立公園の規制により不可能となった。そのため、監視の目を盗んで少しずつ新たに開墾された土地が、本来なら焼畑による陸稲栽培に向くような場合でも、適性に関わらず専ら水田にされているため、水田全体でみたときの平均収量を下げているのではないかと思われる。

2 自給的生活への志向

出稼ぎに消極的な姿勢

国立公園化に伴う規制強化により、このほかにも村人の生活はさまざまな影響を被った。国立公園周辺の村と比べて最も顕著なのは、電気、水道、電話、道路といったインフラが整備されないことである。例えば、電気の場合、国立公園内に架線を張ることが許されない。せめても、ということで、政府などの援助で、太陽光パネルによる発電・蓄電設備が村内の数箇所に作られ、村人たちは、各々、そこで車載用のバッテリーを充電し、電灯や白黒テレビに使っている。道路も、幅も狭く、舗装も簡易で車で走るには高いテクニックがいる。この最低限の道路も、ドンナー村近くのルアンプーパーナーンコーイ寺が整備したものである。この寺院は、熱心な支持者が多く、経済的のみならず政治的にも力がある。それで、森林局を押し切ることができたのである。

しかし、村人がより強く訴えるのは、そうした不便さではなく、飯米が自給できないことである。もちろん、食物が生存の基本だということはあろう。しかし、それ以外にも、村人たちが、いわゆる「便利さ」や現金収入の増加よりも、食物が自給できることを最重視していることをうかがわせる証左がある。

最も端的なのが、村人の出稼ぎへの姿勢である。

「出稼ぎ」とは、ここでは、「村に生活の本拠を残しつつ、バンコクなど大都市へ賃労働を目的に往復すること」という意味で用いる。従って、家族全員でバンコクに移住した事例は含まない。外見上、この両者を区別するのが難しい場合もあるが、ここでは、村にいる親族（両親や兄弟姉妹）の判断に従った。多くの場合、住居の有無、もしくは、子供を村に残しているか否か、で判断していたようだ。このほか、東北タイで昔から行われてきた、農閑期に男性が友人などを辿ってあちこち歩き回る、「パイ・ティアオ」（遊びに行く、の意）の途中、短期間、賃労働につくこともあるが、そうした事例も含まない。

タイのなかでも東北部は、バンコクなど都市部への出稼ぎ労働者が多いことで有名である。では、ゴンカム村ではどうだろうか。村の全六八世帯で、出稼ぎに行った経験があるか、経験のある人には、いつ、どのくらいの期間行っていたのかを聞いてみた。出稼ぎの経験がある村人は六四人いた。内訳は、既婚者が五三人（男性二七人、女性二六人）、未婚者が一一人（男性七人、女性四人）である。

表4-2は、既婚者だけに絞って、性別、出稼ぎに行っていた時期、村出身か村外出身の別を示している。既婚者で、現在でも恒常的に行き来を繰り返しているのは男性三人、女性一人に過ぎない。一方、結婚前にだけ出稼ぎの経験があるが、結婚後は行っていないという人が男性一一人、女性二一人、結婚後にも行ったことがあるが、現在では行かなくなっているという人が男性一二人、女性四人である。

出稼ぎの目的は、当然、まずは現金収入の確保である。しかし、これに加えて、「都会」への憧れや冒険心が未婚の若年層をひきつける部分も大きい。実際、かつて出稼ぎに行っていた人の経験談を聞くと、出稼ぎ中の賃金は出稼ぎ先で使ってしまうことが多く、貯蓄をして村に持ち帰ることは少なかったという。また、あまり長続きはせず、極端な場合、一週間で帰ってきたという人もいる。そうした出稼ぎは、結婚に始まって家族が形成されてゆくあいだに終息する。特に女性は、結婚を契機にやめる傾向が顕著である。これ

表 4-2　村人の出稼ぎ経験（経験者の内訳）

	既婚者				独身者			計
			村出身	外来者(ほとんどは婚入)		村出身	外来者	
男性	計		**16**	**11**	計	**7**		34
	現在でも行き来		2	1	現在でも行き来	4	—	
	やめた	結婚前・後両方で出稼ぎ経験あり	8	4	やめた	3	—	
		結婚前のみ出稼ぎ経験あり	6	5				
女性	計		**21**	**5**	計	4		30
	現在でも行き来		1	0	現在でも行き来	1	—	
	やめた	結婚前・後両方で出稼ぎ経験あり	3	1	やめた	3	—	
		結婚前のみ出稼ぎ経験あり	17	4				

に対し、男性は、結婚後もしばらく出稼ぎに行く場合もある。しかし、多くは子供ができると行かなくなる。「家族を養わなければならないので、出稼ぎには行かない」と言うのである。中には、特に男性では、かつて長期間バンコクで働いた経験があり、建築や運送で一定の技能をもつ人もいる。そのような人でも、同じように家族形成とともに出稼ぎには行かなくなる。出稼ぎにより家族を養うという発想は持たないのである。「バンコクでは病気や怪我で一日仕事を休めば、その日はご飯が食べられない。しかし、村では、お金がなくても食べてゆける」と彼らは言う。だから出稼ぎより、村で暮らすほうが安定して家族を養うことができるのである。

ここで留意すべきなのは、日頃から人や情報の行き来は少なくないということである。特に、結婚による移出入とそれによる親戚関係の広がりによって、人と情報の行き来が頻繁になっている。こうしたつながりが交換による飯米の確保に利用されているのは既に述べたとおりである。**表4-2**に示したデータからも、村出身者と村外出身者との間に出稼ぎの終息のパターンに大きな違いがないことがわかる。つまり、出稼ぎへの消極的姿勢は、出稼ぎに行くことも可能な環境の中で各自が選択しているのである。

少ない現金収入

このような出稼ぎへの消極的な姿勢の帰結として、村人の現金収入は非常に少ない。以下、二〇〇〇年に村人が得た現金収入を列挙する。データは全六八世帯での聞き取りである。

村人にとって最大の現金収入源は、村内や、村の近くにあるルアンプーパーナーンコーイ寺での賃労働である。構成員の誰かがこうした賃労働に従事している世帯は二六世帯あった。この内、金額について回答があった二三世帯の合計所得（年間）は二九万二四七五バーツだった。

少数だが、牛・水牛を売却する人がいた。六世帯で合計四万五五〇〇バーツの収入だった。

出稼ぎ者の持ち帰る現金や、挙家移住した子供からの送金があった世帯が一〇世帯、内八世帯の合計金額は六万二五〇〇バーツ、残り二世帯は金額不明である。

村在住の公務員は七人いる。村人の互選による村長、助役、タムボン議会議員が合計六人、保健所の職員が一人である。村長の年間給与は一万八〇〇〇バーツ、助役とタムボン議会議員は一万二〇〇〇バーツである。保健所の職員は六万バーツである。

このほか、キノコ、タケノコ、野獣、といった林産物の販売が広く行われているが、いずれも金額は不明である。ただし、世帯により異なるが、多くても年間五〇〇〇バーツ程度である。

上記の現金収入の内、金額が判明しているものについて、世帯ごとに合計を示したのが**図4-2**である。農業経営との関係を示すため、米収量との相関で示している。ほとんどの世帯が年間二万バーツ以下であ

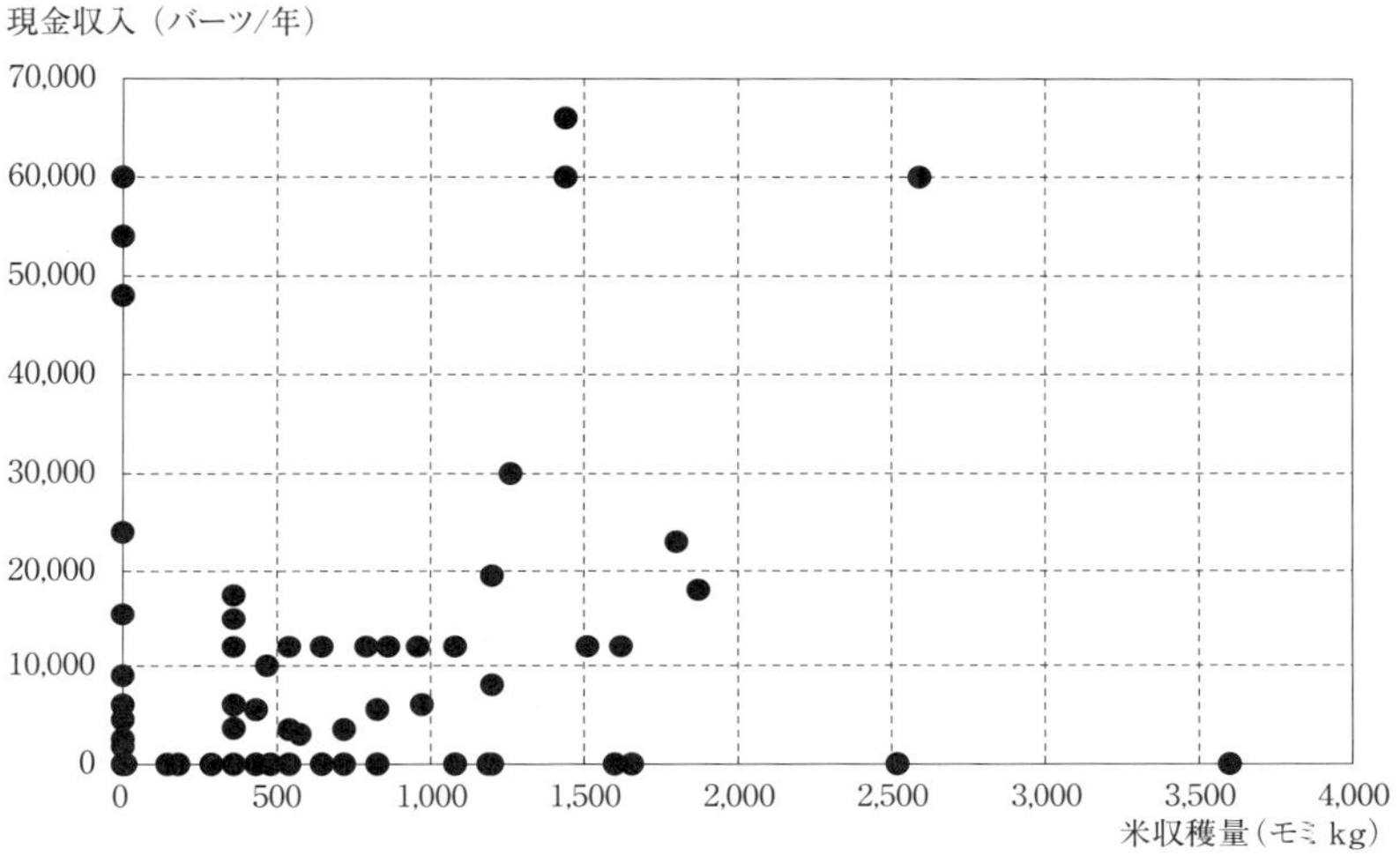

図 4-2　68世帯の現金収入と米収穫量（2000年）

*現金収入には賃労働報酬（出稼ぎのものと村内でのものの両方），常勤の給与所得，家族からの送金，家畜売却益を含む

る。また、米収量との顕著な相関関係はないことが分かる。

これを、他所と比較してみよう。

統計によれば、一九九八年での、村が属するウボンラチャタニ県の農家世帯の月間平均収入は八四二七バーツ、平均支出は七〇九七バーツである。東北部での月間平均収入の最低はナコンパノム県の四二一〇バーツ、平均支出の最低はチャイヤプーム県の四三七一バーツである[タイ国立統計局 2000]。

また、ウボンラチャタニ県の隣のヤソートン県ナーホーム村で中田義昭が一九九二年に行った調査では、六四世帯の年間の平均収入は二万一七六五バーツであった。この内、「他出者」(ここでの「出稼ぎ」とほぼ同義)の送金・手渡しが一万〇〇三七バーツである[中田 1995]。一九九二年は、一九九七年まで続いたタイ経済の高度成長期の途上であり、その間のインフレ率を考えても一九九八年、あるいは二〇〇〇年と単純に比較はできない。それでもなお、二〇〇〇年のゴンカム村の多くの世帯の収入を上回っている。

このように、ゴンカム村では、総じて村人の現金収入は僅かで、家計は自給的である。このことは、次節で述べる副食物の自給に端的に現れている。

自給的生活

村人たちの日々のおかずとなる副食物は、多くの部分が自給されている。ナムプラー、塩、化学調味料、ニンニク、赤タマネギといった、一〇〇パーセント購入するものもあるが、それ以外の、料理の主となる食材、野菜類、生のスパイスなどを購入することは少ない。

以下で述べる調査の結果については、次章より詳細に検討するが、かいつまんでその要点を示しておく。まず、一九九八年から一九九九年にかけて、村でのホスト・ファミリーの毎日の食事で調理された料理の記録をとった。その特徴を整理すれば以下の通りである。(1)野生のものが多いということ。(2)雨季と乾季の季節変化の影響を受ける。雨季には、タケノコのように、常に得られる食材があるが、乾季にはそうしたものがなく不安定である。にもかかわらず、雨季の豊富なタケノコの貯蔵は一般的ではない。(3)外部への販売も見られるがそれほど多くはない。

こうした諸点を踏まえ、対象を一五世帯に拡大し、雨季（二〇〇〇年七～八月）、乾季（二〇〇一年二月～三月）、それぞれ約四〇日間の食事について調査した。調理された回数をカウントし、その料理の主な食材によって野生、飼育・栽培、自家製、到来物、購入、に分類してみた。世帯によってばらつきがあるものの、雨季、乾季を通じ、購入するものの割合が小さく、野生のものの割合が最大だった。雨季には乾季に比べ、野生のものが若干多くなる（データを含め詳細は次章で論じる）。

総じて、村人の食生活は、自給的で、特に周囲の自然環境から得られる野生の食材への依存が高い。このことは、当然、現金収入が少ないことと無関係ではない。しかし、貧しいゆえに仕方がなくそうしていると捉えるのは間違いである。野生の食物が豊富にあるということが、「お金がなくても暮らせる」という、村人にとっての生活の安定を保障しているのである。

「選択」としての自給的生活

簡潔に整理してみよう。村での生活は周囲の自然環境に大きく依存した自給的なものである。副食物だけでなく、飯米の不足分も多くは林産物との交換により補う。現金収入は僅かだが、村人が「お金がなくても暮らしてゆける」ことを生活の安定と捉えるように、僅かな現金収入で生活できることはむしろ大きな利点でもある。安定的に家族を養うために、村人は出稼ぎに背を向け、村での自給的生活に向かう。

注目すべきは、村人たちは、他にも選択肢がある中で、自給的生活を選んでいるということである。婚姻関係を中心に、他村との人やモノや情報の行き来は頻繁にある。二〇年前、三〇年前は、ゴンカム村と、近隣の国立公園周辺の村々の間に暮らしぶりの違いはなかったという。しかし、一九九一年に国立公園が設置されて以降、国立公園の内側になったゴンカム村と、周辺に位置することになった近隣の村々との差が開いてゆく。

外側の村では、道路や電気、水道といったインフラも整備され、それとともに貨幣経済が浸透し、テレビ、冷蔵庫、洗濯機、と便利になった。食生活の面でも、例えば、ゴンカム村の親村、ナムテン村では、現在、副食物は自給より購入するほうが多いという。実際、最近、ナムテン村より婚入した若い女性は、キノコやタケノコの採集ができない。裏を返せば、こうした日常生活を支える現金収入が不可欠となったということでもある。具体的な数字はないが、出稼ぎも非常に多く、出稼ぎによる収入を前提にした家計となっている。前述の中田が調査したヤソートン県の村に類似の状況と考えてよいだろう。

こうした外部の状況は、ゴンカム村の人々にもよく伝わっている。特に、男性二三人、女性一三人に及ぶ他村からの婚入者は、自己の家族の生活の本拠を選択する余地があるだけでなく、そもそももっと「発展」した他村の結婚相手を選ぶこともできたのである。他村から婚入してきたある男性は、こう言った。「(当時、すでにゴンカム村と彼の出身地との暮らしぶりには随分開きがあったので)最初のうち、ここでの暮らしになじめなくて、辛くて、自分の出身村と行ったりきたりしていたけど、そのうち、慣れてきたらなんともなくなり、こちらにずっと住むようになった。」この間、もちろん、彼一人だけではない家族全体の問題ではあるが、どちらに住むのか悩んだうえで、この村に住むことに決めたのである。

3 制度と村人・役人・NGO

このような、国立公園という制度と村人の暮らしとの間を取り持ち、「社会生態空間」としてのパーテム国立公園あるいはゴンカム村をつくってきたもう一方の担い手は、森林局の現場の役人や、村にアクセスしてくるNGOのスタッフたちである。

既に述べたように、一九七三年に国家保全林に指定されたことでは、村人の生業は、実質的には、ほとんど何の制約も受けなかった。一九九一年の国立公園の指定以降は、開墾や火入れに対する取り締まりが強化された。しかし、これも居住・経済活動の一切を禁じる国立公園法に照らせば、ごく部分的な実施でしかない。

現場の役人は、国立公園の極端に厳しい規制と目の前の現実――昔から暮らしている村人たち――とのギャップがあまりにも大きい、その間をなんとか調整してきた。すでに述べたが、現在、集落での居住、既存の水田の耕作、林産物の採取、林間放牧が国立公園事務所の裁量で許されている。また、二〇〇二年までは、村人の住宅建築用に限り、木材の伐採も認めていた。村落委員会（村人の互選による）が、必要な木材の量、及び、自給用であることを保証することを記載した書面を国立公園長に提出していた。

こうした国立公園事務所による裁量は、合法的な範囲を明らかに逸脱する。本来、法の実現に努めるべき国立公園長がこうした違法行為の黙認を行っている。そのことにつき、国立公園長は、「村人は貧しく、自然環境に依存せざるを得ないので、仕方がない」と村人の生活への配慮とともに、「法をそのまま適用すれば、住民運動がおこる」ことを理由に挙げる。火入れ、販売目的の盗伐、狩猟、といった行為により森林が目立って破壊される事態は防ぎつつ、現実に柔軟に対応して平穏を保っているのである。これはぎりぎりの判断に相違ない。村落委員会が国立公園長宛に提出する住宅用木材切り出しに関する書面も、提出したからといって国立公園側が許可したことにはならない。村人は「一応、報告しておく」、国立公園長は「一応、受け取っておく」というだけのものでしかない。警察官などに偶然、見つかったときに安全が保障されるものではないのである。

村人は、国立公園指定の際、どうしたのだろう。自らが暮らしていた土地が国立公園にされたことについて、表立って抗議を行ったりはしていない。ただ、一九九一年に国立公園に指定された時点で、軍隊の地図に、ゴンカム村が移住の対象と記されているのを見た村人がいた。「すわ、強制移住か」と村人は危機感を募らせた[1]。同年、折しも村に行幸されたシリントーン王女に、この件につき村人が直訴する機会を得た。幸い、王女の「森と人は共存できる」という言葉を引き出すことができ、これによって移住を免れることができた。総じて、村人の対応は表向きには、受動的だったと言える。

その他に村人がとる戦略は、「目を盗む」ことである。耕地の拡大のほか、野生動物の狩猟も日常的に行われている。ただ、大規模な盗伐など目立つ行動はとらない。王女への直訴で回避されたとはいえ、潜在的な強制移住への恐怖のためでもある。

このような国立公園事務所と村人とのやり取りのほか、NGOが仲介する形で、様々な事態の改善策が模索されている。NGOが村人のニーズを把握し、村人と意見交換するべくミーティングを開く。果樹栽培、養鶏、ホウキの販売、などなど、農村開発のための様々な方法が俎上に上るが、村人側が強く求めるのは、現金収入増よりむしろ、飯米が自給できるだけの耕地拡大やそのための区域、具体的には村人がチャップチョーンしている二次林、も含めて国立公園から除外され、土地権利が保証されることである。かつて、そうした会合で、村人とNGO職員共同で、国立公園除外の嘆願書を作成し森林局に提出したが、何の回答もないままだった。その後、前述のチュアン内閣による「保護林」内での耕作権付与のための調査が始まり、ゴンカム村もその対象になったが、国家保全林指定以前から一貫して耕作または居住されてきた土地のみが対象となる、という条件のため、村人の要求とはかなりのひらきがある。

この他、国立公園周辺の村々の住民組織である「ドンナータームの森ネットワーク」(khrueakhai pa dong na tham)がコミュニティ林設置・運営に関する連携を進めている。このネットワークも、NGO、森林局との協力体制のもとで活動している。森林局は、パーテム地域で、共同体林に関する試験的プロジェクトを実施しているが、国立公園の真中にあるゴンカム村についてはプロジェクトの対象とすることができない。「ネットワーク」の方は、住民組織なので、ゴンカム村もメンバーに加わることができ、「ネットワーク」が獲得した助成金を配分してもらい、ゴンカム村の共同体林の境界を決め、看板を立てているが、周りに森林が豊富にある現状で、共同体林が特別な意義を持つのは難しく、有名無実となっている。

4　国立公園による社会生態的空間の生成

国立公園という制度の実施に伴い、村人の生業も変化した。一方で、外部の村々と差異化された、自給生活が色濃く残る空間が残された。国立公園法上は違法であるこうした状況は、当然、制度が予定したものではない。国立公園事務所の裁量的黙認も、ある種の妥協である。しかし、そうした違法な状態を裁量的に黙認することが社会的に容認されてきたことは注目に値する。つまり、「やわらかい保護」のメカニズムがここでも働いているのである。

国立公園化とそのやわらかい運用は、村人の生活にとっての環境整備と位置付けることができる。この中で、自給的志向が強い村人の生活が営まれる空間が生成されてきた。ここでは、村人の能動的選択を見ることができる。外部との情報や人の行き来が多く、希望次第で他村で暮らすことも、バンコクへの移住、あるいは出稼ぎで現金収入を求めることもできる。現在、多くの世帯では、恒常的に飯米が不足し、多分に恥じらいのある交換による飯米確保を余儀なくされている。にも関わらず、村人は、周囲に豊かな自然環境が残り、そこから食物を採取することで、「お金がなくてもよい暮らし」を送ることを安定と考え、選択したのである。そして、そうした豊かな自然環境、生活スタイルの選択の余地が未だに残っている最大の要因は、国立公園化だった。国立公園化にともなう国家の「区切る論理」と村人の「区切る論理」は、妥協点を見いだすのが困難な状況である。一方、「つながりの論理」のほうは、農耕地について若干の制約を受けはしたが、「権利」の問題とは切り離され、「やわらかい保護」のもとで、むしろ国立公園外部よりも生業文化としての活力をもって、村人の暮らしの中心に息づいているのである。

このような社会生態的空間は、現代のタイ社会では異質な存在である。一九八〇年代後半以降、急速な経済成長を続け、農村部においても、道路や電気が整備された。テレビ、冷蔵庫、オートバイ、と便利な「モノ」が浸透し、人々は現金収入獲得に躍起となった。いわゆる「開発」は、こうした貨幣経済的豊かさを全ての人が望んでいるという前提に進められてきた。ゴンカム村の人々も、便利さ、豊かさを忌み嫌いはしない。しかし、それは最優先事項ではない。否応なしに進む開発の中で、国立公園は、図らずも、こうした人々が暮らす空間を残したのである。

第五章

食物からみる
人と自然のつながりの実像

――「自然にしたがって生きる」ということ

「森は、市場のようなものだ」と、ふと彼は言った。農閑期の昼下がり、村の間借り先の農家の軒先で家主と雑談していた。「いつでも必要な時に、必要なだけ食べ物をとってくる。」私が、「市場と違って、ただでしょう」と言い返すと、「その代わり、あれやこれやと、あまり浮気はできないな」と答えた。

ゴンカム村のある東北部は、タイのなかで最も森林破壊が深刻な地方なのだが、一方で、森は人々の毎日の暮らしに必要な、さまざまなものを与えてくれる場所でもあった。村人たちは、自然から食物を得、あるいは自然のめぐみのなかで野菜を栽培し家畜を飼育して暮らしてきた。これは国立公園に指定されてからも、あまり影響を受けず続いてきた。実際、このことなくして、村人たちの自給的な生活は成り立たない。

前章でみたように、国立公園によって村全体が囲い込まれたことで、村人の暮らしには多くの制約が課されるようになった反面、それによって村人が望むような「お金がなくてもよい」自給的な生活がおくれる環境が守られた。この、村人が考える「お金がなくてもよい暮らし」というのは、単に資本主義から一歩引いたところでの経済的な安全性という意味だけではない。日々、自然と向き合う中から生まれる独特の生活のリズムや自然観がある。これまで、自然を人間たちがどのように切り分けるのかという「区切る論理」のほかに、自然とつながってゆこうという視角、「つながりの論理」があることをたびたび強調してきた。本章と次章では、まさにその「つながりの論理」が具体的にどのようなものかを示す。論理的には順序が逆になるが、本章では、より具象化したレベルでの、日常の食物の採取から読み取れる村人が自然とどのようにつながろうとしているのかという志向について、次章では、より根本的な部分で、村人による自然環境の分類や認識といった領域で「つながりの論理」がどのような性質を持っているのか、「区切る論理」と何がどう違うのかを具体的に示してみたい。

1　農民にとって森はどういう意味をもつのか

これまで、タイ人の世界観は、森林は、人間社会と対立するものと認識しているといわれてきた。都市住民は、森林（pa）を野蛮な無法地帯と考えた。伝統的な王権に関する観念論では、王の徳が及ぶのは、都市（muang）とその周囲の水田までで、森林は埒外だった［Stott 1991 : 144–145］。農村では、宗教的脈絡では、森林は精霊の住処として恐れられたが、他方で、日常的に生活に必要な物資を得る場所、あるいは、開墾して耕地にできる場所、という両義性を持つことが指摘されてきた［田辺 1978 : 98；林 1993 : 659］。

しかし、普段、毎日のおかずであるタケノコを採りに行ったり、狩猟に行ったりする時に、村人は常に森の精霊にビクビクしているわけではない。本書の舞台となる村は、国立公園にされてしまうほど、タイ東北部の農村としては例外的に豊かな森に囲まれている。村人たちは、精霊の存在自体は信じている。しかし、平気で日々森を歩き、一夜を明かすこともある。精霊など見たことがないので、全く恐くないと言う。もしかしたら、森の霊は、馴染みの薄い土地に新しく村を開く時には恐ろしく感じるかも知れないが、生まれ育った村の周りでは、暗い森でも平然と狩猟・採集ができるということなのかもしれない。

森は、村人の日常生活に不可欠な物資を与えてくれる生活の場だ。日常生活での具体的な人と森のかかわりのなかから、動植物についての詳細な知識や、自然環境の認識や分類、独自の価値観といった重要な文化が生まれてくる。その内奥、あるいは延長には、アニミズム的世界があるのだろうが、本書では、そこには触れずに、日常的な生業文化の考察にとどめる。それは物質的側面だけを重視するという意味ではない。岩田は、アニミズム的な世界を、「人と草木虫魚がその根底を分かち合う」と表現したが［岩田 1995 : 435］、それなら、森にカミを見出すのと、一本のタケノコを掘り料理して食うこととの間に本質的な違いはないだろう。村人が森林やそのほかの自然環境とのかかわりながら生活を営む、そういう経験に裏打ちされた森林観なり自然観というのは、都市住民、あるいは森林局の職員のそれとも異なる。この村を取り巻く森林をめぐる社会の動きとは、まさにそうした異なる森林観の交錯でもある。

2　自然だのみの食生活

近代化や経済発展が進み、森林そのものも少なくなった今日でも、自然から得られるいろいろな物資が人々の暮らしの中で演じる役割はまだ大きい。近年、タイでは、そのような側面が注目され、内外の研究者によって調査が行われてきている（例えば、［Pei 1987 ; Subhadhira et al. 1986 ; Somnasang et al. 1986］）。比較的、詳細に、季節ごとの変化やさまざまな技術についての記述を含むものもある。しかし、経済的価値や生態的ダメージを測定したり、「伝統的知識」を博物学的にファイリングしたりするものが多く、必ずしも現地の人々の目線や生活の文脈に基礎を置いているわけではなかった。ごく最近、タイ政府による学術研究助成である、「タイ研究基金」（kong thun wichai）のサポートを得て、地域住民みずからが、地元のＮＧＯの助けをえながら、身近な自然資源や「伝統的知識」について調査を行うというプロジェクトも進んでおり、その成果が期待されるところである。

さて、自然から得られる、生活のために必要な物資のなかでも、食物は、毎日、欠くことが出来ない、最も身近な自然の産物である。特に、タイ東北部の食生活では、食材として、飼育・栽培されたものだけでなく自然から得られる野生のものが多いことが特徴として挙げられる［重冨 1997：167］。単に食物を自然に依存する量が多いだけではない。彼らの食生活は、季節の移り変わりやその他の自然環境の変化に大きく左右される。一方、彼ら自身の好みや習慣とも無関係ではない。はじめに挙げた村人の言葉が示唆するように、自然環境やその他さまざまな制約のもと、村人は食物を選び出す。狩猟・採集から料理して食べるまでの一連は、いわば、人と自然の交渉である。これまでの様々な地域や社会の食文化の研究の多くは、食卓と台所しか見ていなかった。しかし、実際には、食文化とは人と自然の交渉の産物なのである(1)。

ここでは、いわゆる食文化にとどまらず、村での食事や料理法の特徴はなにか、食物をいつ、どこで、どのようにとってくるのか、それには季節やそのほか自然の変化にどう対応しているのか、——つまり、料理されて人の口に入るところから、その食物の由来、それが採取される場面、と溯るように、人と自然の一連の関わりの全体像を見てみよう。その全体に底流し、人と自然の交渉を統御している志向のようなものがあるに違いない。

3　環境に調和した食文化

村では、米以外の副食物の多くは周りの自然に依存する。森だけでなく、池や小川、水田と、あらゆる所からもたらされる。菜園では野菜を植え、鶏や牛も飼育している。「ナムプラー」(nam pla：魚醤)(**写真5-**

1）や塩、タマネギ（小さく赤いもの）、ニンニクは村で作ることが出来ないので、これは買うしかない。このほか、村外から物売りの車が来ると、少量の魚や野菜、果物、菓子などを買うこともある。村の料理の根幹をなす調味料である「プラーデーク」（pla daek：魚の塩辛）（**写真5－2**）とトウガラシ（キダチトウガラシ *Capsicum frutescens*）（**写真5－3**）は村でも作られるが、十分ではない。物売りの車が来る以外には、毎週、土曜日の朝にナーポークラーン村で開かれる市に、村で一台だけあるピックアップトラックに乗り合って、片道およそ一時間かけて出かけて行く。

村の古老によれば、ゴンカム村を含む地域一帯はスワイ人の住処だったというが、現在では、村人の食生活は、モチ米が主食であり、そのほかの料理もラオ系の「標準東北タイ料理」と基本的に同じで、バンコクのタイ料理より、ラオス料理に近い[2]。

ただし、「プラーデーク」は、ゴンカム村やその親村のナムテン村で作られるようになったのは僅か四〇年ほど前からに過ぎないと言う。「プラーデーク」は、モチ米と並んで、タイ東北部の料理の象徴と見なされていて、今日のゴンカム村も含め、この地方のほとんど全ての料理に欠かせないものである。かつてスワイであった残滓なのかも知れない。しかし、ラオ語やモチ米食は「プラーデーク」が入るはるか前から受け入れられていた。古老も、現在に至るまで、ウルチ米が栽培されたことは全くないと言う。また、「プラーデーク」がない時代は塩だけを使っていたが、料理法のそれ以外の部分は変わってない。これらのことから、あるいは、ラオ人社会の中にも、「プラーデーク」の製造と利用に関して濃淡があったのではないかとすら考えうる。「ベトナム人がラオに伝えたんだ」と言う村人もいる[3]。歴史的に言えば、現在の村での料理法や食文化は、スワイとラオの混合なのかも知れないが、そもそも、いくつもの民族集団が絡み合う東南アジア大陸部で、純粋な「ラオ文化」とか「スワイ文化」を想定すること自体、無意味だろう。

写真 5-1 「ナムプラー」
これだけは村人も
購入しなければな
らない

写真 5-2 「プラーデーク」これは村で作ら
れたものではなく，市販のもの

写真 5-3 畑でとれたトウガラシを乾燥させる

さて、ゴンカム村の人々は、毎日、なにを食べているのだろうか。

まず、何はともあれ三食のモチ米で、三度の食事に例外なく供される。普段、食べる米がモチ米かウルチ米かは、タイ国内での地域や民族のアイデンティティの指標として広く認知されている。大まかに言えば、北部と東北部はモチ米地帯で、それ以外がウルチ米地帯である。もちろん、北部の山地少数民や東北部のモン・クメール系住民のように、ウルチ米を主食とする例外もある。バンコクを中心とする中央部の人々は、侮蔑的意味も含め、モチ米食を、特に、東北部の象徴と見る。反対に、東北部の人々（モン・クメール系を除く、多数派のラオ人）も、この図式を受け入れている。都市での肉体労働者の多くは東北部出身者だが、彼らは、ウルチ米では、モチ米を食べるのに比べて力が出ないという。さらにモチ米の方が腹持ちがよいという。しかし、中央部の人々に聞くと、ウルチ米の方が腹持ちがよい、という逆の答えが返ってくる。

米以外の「おかず」にあたる料理は、一括して「カップカーオ」（kap khao：ご飯と共に食べるもの、という意味）と呼ばれる。ゴンカム村では、おもなものとして次のような「カップカーオ」の種類と料理法がみられる。これらは、自然から何をとって食べるかを決める最も基礎的なフィルターであるといってよいだろう。

「ケーン」

「ケーン」（kaeng）は一言でいえば、煮物、あるいは、シチューのような料理である。具材を香草や香辛料とともに鍋で煮る。どんぶりに盛られた「ケーン」は、いつも食卓の中心である。手で丸めたモチ米を汁につけ、具を一片、指でつまんで口に入れる。あるいは、スプーンですくって食べる（**写真5-4**）。

「ケーン」は最も基本的な料理と考えられている。村人たちは、一種の挨拶として、'kin khao kap yang'

写真 5-4　村の食事風景，中央にあるのが「ケーン」

（何をおかずにご飯食べたの？）と聞き合うが、時に、同じ意味で“kaeng yang”（「ケーン」は何？）と言うこともある。つまり、「ケーン」という語は広く「カップカーオ」全般という意味をも併せ持つのである。それほど基本的な料理でありながら、「ケーン」の正確な定義は意外に難しい。一般的には、「タイ・カレー」と訳される。恐らく、バンコクのココナツミルクを用いた「ケーン」が西洋人の目にはインド・カレーに似て見えたのだろう。しかし「カレー」はインド料理の用語で、タイでは本来なじみのない言葉だ。いわゆるインド・カレーはタイ語で「ケーン・カリー」（kaeng kari）と呼ばれる。

　実際には、ゴンカム村をはじめ東北部の「ケーン」はココナツミルクを全く使わない。バンコクや中央部にもココナツミルクを用いない、汁が透き通った「ケーン」がある。これらは、西洋人やインド人、我々日本人のイメージする「カレー」とはほど遠い。

　ゴンカム村で作られる「ケーン」に用いられる材料は、「主な具材」、「副具材」、それに香草やスパイス、調味料に整理できる。これらのものを鍋で煮る訳である。

「主な具材」は非常に多彩である。動物性のものとしては、牛のほか、ごくまれに獲れるイノシシのような野生の大型哺乳類の他、カエル、トカゲ、鳥類、魚類、昆虫を含む。家畜である牛や鶏のほかは、多くは野生のものである。植物性のものとしては、タケノコとキノコが代表的である。他には、「キーレック」（khi lek：タガヤサン *Cassia siamea*）という樹木の葉や、「ボーン」（bon：サトイモ科）の茎も「主な具材」になるが、キノコやタケノコの「ケーン」ほど好まれない。

「副具材」はほとんどが植物性のものである。「ケーン」の種類によって、「副具材」を入れないものもあるし、手に入らないときには省略することもある。

これ以外の、「香草、スパイス、調味料」は、料理に味や香りをつけることが目的で使われる点で、「主な具材」「副具材」から区別できる。しかし、味や香をつけるために入れるのだがそれ自体も食べる、というように、この区別があいまいな場合もある。実際に村で普通に使われている「香草、スパイス、調味料」は、さらに、「ホーム」（hom：香がよい、と言う意味）、「ソム」（som：酸味）、塩味の調味料、トウガラシ、化学調味料に分けられる。

「ホーム」は香づけである。全て植物性で、シャロット、ネギ、コリアンダー、レモングラス、バジル類のほか、様々な野生植物が含まれる。「ソム」は酸味を加える。これも、ほとんどは植物性で、タマリンドと柑橘類のほか、やはり様々な野生植物の果実や幼芽も使われる。唯一の例外は「赤アリ」（mot daeng：*Oecophylla smaragdina*）だが、主に、「タム」や「コーイ」といった料理（後に述べる）に使われ、「ケーン」にはあまり使われない。「ホーム」を用いない「ケーン」はないが、種類によって、「ソム」を入れない「ケーン」はある。

塩味の調味料には塩のほか、「プラーデーク」、「ナムプラー」がある。前述の通り、「プラーデーク」が使われるようになったのは約四〇年前から、また、「ナムプラー」は最近一〇年ほどのことだという。つまり、それ以前は専ら塩を使っていたことになる。しかし、今日では、「ナムプラー」はともかく、「プラーデーク」は塩と並んで、どの種類の「ケーン」にも不可欠である。

トウガラシも、村の料理で、最も大切な材料である。「ケーン」だけでなく、ほとんど全ての料理に使われる。トウガラシには、生のまま、生のものを火で炙る、乾燥させる、乾燥させたものを炒る、乾燥させ炒ったものを粉末にする、という五つの使い方がある。この中で、「ケーン」には、生のものか、乾燥させたものが使われる。

化学調味料は、あらためて説明することもなかろう。「味の素」である。代わりに砂糖を少量入れることもある。

「トム」

「トム」(tom) も「ケーン」と同じく、具材を香草、香辛料とともに鍋で煮た「煮物」である。印象としては、「ケーン」よりも淡白で、簡潔な料理に見える。

この「トム」というカテゴリーがあるせいで「ケーン」の定義が一層難しくなる。「トム」とは字義通りでは「茹でる」「煮る」という意味である。しかし、料理のカテゴリーとしては、ただ単に水で煮るだけの単純なものではない。「ケーン」と同じように、「ホーム」(香りつけ) や「ソム」(酸味つけ)、塩味の調味料が使われる(4)。

私がゴンカム村で観察した限りでは、「ケーン」と「トム」の違いは以下の三点である。「ケーン」はトウガラシを入れるが「トム」には入れない。「ケーン」を作る時には、「ホーム」、「ソム」とトウガラシは、

「クロック」（khrok）と呼ばれる鉢の中で砕いてから鍋に入れるが、「トム」では「ホーム」、「ソム」を砕かずそのまま入れる。俎板の上で、包丁でたたくことはある。さらに、「ケーン」の場合、全ての材料を鍋に入れ、火が通ったあと、ある程度、味が濃くなるように少し煮詰める。しかし、「トム」の場合、丁度、火が通ったところで出来上がりである。(5)

ある村人は、「ケーン」と「トム」の違いについて、「トム」にはトウガラシはいれないが、「ケーン」には全種類の調味料を入れる、と説明した。「ケーン」では、「ホーム」や「ソム」、トウガラシ、塩味（「プラーデーク」や塩）、と一通りの調味料を必ず入れるが、「トム」の場合、塩味は例外なく入れるものの、「ホーム」や「ソム」は省かれることもあるということを指しているのだろう。少なくとも、この村人の説明は、「トム」が「ケーン」よりも簡略な料理と捉えられていることを示している。料理をしている村人に「これは「ケーン」？」と聞くと「違う。'tom sue sue'（「トム」してるだけ）」という答えが返ってくるのも、同様のことをあらわしている。しかし、「トム」では、「主な具材」になるのは例外なく動物性のもので、「副具材」に当たるものは入れられない。「主な具材」に当たる動物性の食材がたくさんあるときに、余分なものをあまり入れずに作る、どちらかというと、贅沢な料理である。

「チェーオ」

「チェーオ」（chaeo）は、トウガラシと「ナムプラー」や「プラーデーク」を下地にした「たれ」のようなもので、手で丸めたモチ米や野菜をつけて食べる。標準タイ語で「ナムプリック」（nam phrik：「トウガラシの汁」の意味）と呼ばれるものに当たる。しかし、村で見られる、ほとんど毎回の食事に供される「チェーオ」は、ランサーン王家の都ルアンプラバンでのものや、バンコク料理の「ナムプリック」のような、様々な種類の素材を用いた複雑で凝ったものとはおよそかけ離れた、とても単純な料理である。「ナムプラー」や「プラーデーク」に粉末トウガラシを混ぜるだけのことも多い。それに加えて、タマネギや「ノマーイ・ソム」(no mai som：タケノコの塩漬けを発酵させたもの)が入る程度である。

「ラープ」と「コーイ」

「ラープ」(lap)と「コーイ」(koi)は、どちらも細かく刻んだ肉類を「ホーム」(香りづけ)、「ソム」(酸味)、トウガラシ、塩味の調味料で和えたものである。ほとんどが「肉」、という贅沢な料理である。牛や鶏をつぶしたり野獣を獲った時は、大概、「ラープ」か「コーイ」にする。

両者はとても似通った料理だが、以下のような若干の違いがある。「ラープ」の場合、細かく肉を刻んだ後、和える前に残りのガラでとったスープを少量加えてさっと火を通す。これに対し、「コーイ」の場合は、肉は、刻む前に炙って火を通し、水分を加えることはない。また、「コーイ」では「ソム」を、ほかの調味料なども加えて全体を和える際に直接、入れるのに対し、「ラープ」では刻んだ肉に火を通すのに使うスープを「ソム」で味付けしておく。「ラープ」には「煎り米」(khao khua)が欠かせないが、「コーイ」には普通、入れない(6)。

両者ともに、野生動物、家畜、野鳥、爬虫類、魚の肉が使われる。しかし、ある特定の材料の場合、上記の方法とは少し違った方法で料理されることがある。最も際立っているのは「生ラープ」(lap dip)だろう。「生ラープ」で使われるのは牛肉だけで特にこれだけを指して「チョックレック」(chok lek)とも呼ぶ。牛肉(及び、レバー)は生のまま細かく刻まれ、「ホーム」、「ソム」、「ナムプラー」、トウガラシと共に、血液や煮立たせた大腸の内容物を加えて和える。血液は、アヒルの「ラープ」にも入れるが、肉には火を通す。

「コーイ・プラーシウ」(koi pla siu：プラーシウというコイ科の小魚の「コーイ」)も火を通さない。小魚なので、刻まずそのまま使う。「ソム」に赤アリを使う。生のままの魚に赤アリを食いつかせ、そこにトウガラシ、「ナムプラー」、「プラーデーク」を加え、さらに「ホーム」を入れて和える(**写真5-5**)。

写真 5-5　水田脇で作った「コーイ・プラー・シウ」

「タム」

「タム」とは「搗く」という意味である。料理のカテゴリーとしては、主な食材にトウガラシや「プラーデーク」、「ソム」などを加え、「クロック」という鉢で搗いて作るなますのような料理である。最もなじみ深いのは、未熟なパパイアの果実で作る「タム・フン」(tam hung)(**写真5-6**)であろう。いわゆる「ソムタム」として、バンコクでもよく売られていて、東北部の料理の代表と目されている。村ではこれ以外にも

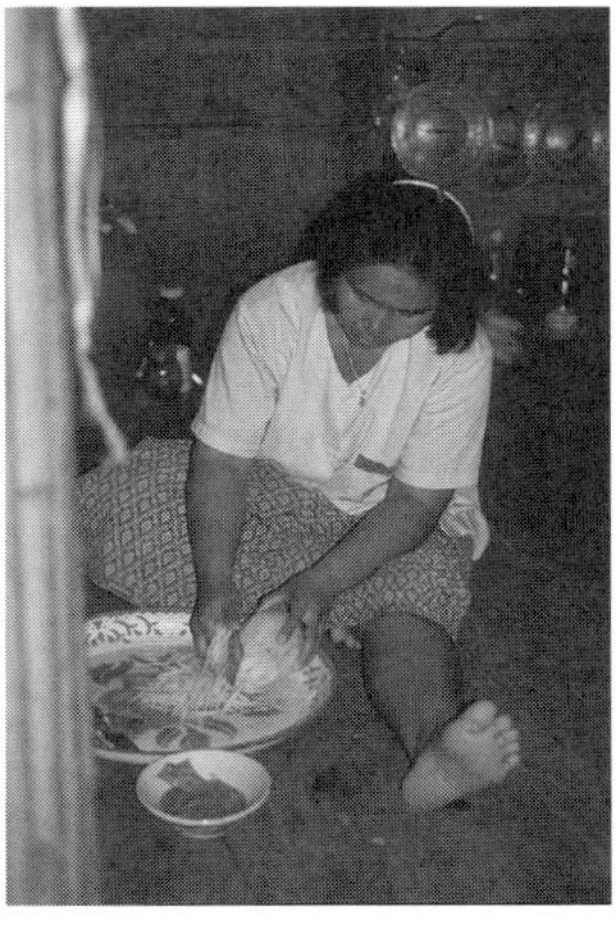

写真 5-6 「タム・フン」を作るために未熟なパパイアの果肉を細長く削る

瓜やキュウリ、タニー種のバナナ（*Musa balbisiana*）、ササゲマメを用いたものが見られた。「ソム」は、手に入る時には入れるが、入れない場合もある。「タム」は朝食や昼食に供されることが多い。

「ヌン」「モック」「ウ」

「ヌン」（nueng：蒸す、の意）、「モック」（mok：火にかける、の意）、「ウ」（u）はいずれも蒸して作る料理である。(7) 獣肉や魚を塩、トウガラシ、「ホーム」、「ソム」と共に蒸す。三つの料理法の違いは次の通りである。「ヌン」は竹で編んだザルで蒸す。「モック」は材料をバナナの葉で包んで、直火にかける。「ウ」は材料を鍋に入れごく少量の水で火を通す。

「ポン」

「ポン」（pon：細かく砕く、の意）は、丸めたモチ米をつけて食べる点で、「チェーオ」に似た料理である。主となる材料は魚、カエル、トカゲであるが、ナスで作ることもある。主となる材料を「ホーム」、「ソム」、「プラーデーク」、塩、とともに茹でたあと、肉をほぐして、トウガラシ、ニンニク（省略可）、タマネギ（省略可）とともに「クロック」（鉢）でつぶし、煮汁で伸ばす。

これらのほかにも、単に、焼く、茹でる、炒るといった単純な料理法ももちろんある。野菜類は、生で食べるものも多い。いわゆる、朝、昼、晩の三度の食事ではこういう料理が出されるのだが、その他に、村人達はよく間食も取る。ごくたまに、外から買ってきた菓子などもあるが、普段は、庭先に植えた果物や、「タム・フン」を作ることもある。特に、近所の女性たちが集まって、こういうものをつまみながらおしゃべりに興じるのである。

以上のような、村での料理の特徴をまとめると次のようになる。

まず、最大の特徴は、脂っこい料理が少ないことだろう。炒め物がほとんどなく、ココナツミルクも使わない。例えば、獣肉でも、極力、脂身の少ない赤身が好まれる。また、甘味も少ない。逆に、苦みや、香草の持つ強い薫りを好む。これらの味覚の特徴(8)は、村周辺の自然環境から得られる食物に適合している。もちろん、栽培や飼育によるものも多く用いられるのだが、彼らが嗜好する味覚は、周りの自然の食材だけで作れるものである。

また、生のまま使うものが圧倒的に多いことも特徴だろう。「プラーデーク」や「ノマーイ・ソム」(タケノコの塩漬けを発酵させたもの)、乾燥トウガラシのような調味料は別だが。牛をしめたときには、食べきれない牛肉を干して保存することもある。しかし、「ケーン」などの料理の具材は生のものが主体で、鮮度の高さが要求される。中華料理のように乾燥させたり加工したもののほうが珍重されることはない(9)。「ホーム」や「ソム」もほとんどは生もので、同じ熱帯でも乾燥香辛料を多用する南部やマレー世界と対照的である。そのため、必然的に、食材は頻繁に採取しなければならなくなる。このような料理の特徴は、後述のような、タケノコや魚など、季節性があるにも関わらず保存することを好まないという自然環境の季節変化への対応の仕方や、必要なときに必要なだけ採るという採集行動の特徴とも符合する。

4　豊かな雨期と厳しい乾期

サティアン家の食事データ

さて、それでは、具体的に、村人は、毎日、どのような食生活を送っているのだろうか。何を、どこからとり、どのように料理して食べているのだろうか。特に、この地方では、雨季と乾季の差がはっきりしている。もっと細かく、動植物の種類に応じて、それがとれる時期というものがある。田植えや稲刈りなど、農繁期もあれば、比較的、暇が多いときもある。そういう諸々の変化にどのように対処しているのだろうか。

私が「間借り」した村のある家族で、一定の期間、毎日、どのようなものが調理され食卓に上ったか、その材料は、どこからきたのか、記録してみた。データは年間を通してのものではなく、一世帯だけのデータだが、間借り先だったこともあり、その世帯の日常の活動や社会的背景をも詳しく把握することができたので、彼らが何を考えて毎日の食材探しをしているのか——それは、ひいては人と自然の関わりとしての食事とは何かということにつながる——を、より深く理解することができた。

対象となる私の間借り先、サティアン家は、村の中では比較的裕福な方であるが、飯米を自給できているという程度のことだ。また、サティアン氏は「タムボン自治体議会」(sapha ongkan borihan suan tambon)の議員なので、僅かながら月給がある(一〇〇〇バーツ程度＝当時、日本円で三〇〇〇円強)。筆者も、同じ程度の「間借り代」を渡していたが、それらを足しても、村近辺で賃労働に従事する以上の現金収入にはならない。とにかく、サティアン家の毎日の食生活は他の村人と基本的に大きな違いはなかった。唯一の例外は、

表5-1　サティアン家の料理データ：6月（全33回の食事）

調理された回数，または他家より贈与された回数を示す．但し，生で食べる野菜は，供された回数．

哺乳類・爬虫類・鳥類が主な食材の料理

料理名		回数	主な食材の由来
som ua	塩・香辛料で発酵させた牛肉	3	飼育
som mu pa	塩・香辛料で発酵させたイノシシ肉（*Sus scrofa*）	3	森
kaeng katae kap yae	katae（ツパイ科）と yae（トカゲの一種：*Leiolepis* spp.）のケーン	2	森
kaeng mu	豚肉のケーン	1	飼育
kaeng nuea ua haeng	牛干し肉のケーン	1	飼育
ping kai	焼き鶏	1	飼育
lap bang	ヒヨケザル（*Cynocephalus variegatus*）のラープ	1	森
lap kai	鶏のラープ	1	飼育
lap mu pa	イノシシのラープ	1	森
ping mu pa	焼いたイノシシ肉	1	森
ping nuea ua haeng	焼いた牛干し肉	1	飼育
ping nu	焼いた野ネズミ	1	水田
tom bang	ヒヨケザルのトム	1	森
tom kai	鶏のトム	1	飼育
ping yae	焼いた yae	1	森

両生類・魚類・貝類・エビ・カニが主な食材の料理

料理名		回数	主な食材の由来
kaeng pla	魚のケーン：	3	小川
	pla duk（*Clarias batrachus*；ヒレナマズ科）＋pla lai（タウナギ：*Fluta alba*）＋pla kang（雷魚に似た魚）	(1)	
	pla duk＋pla kang	(1)	
	pla duk	(1)	
pon pla	魚のポン：	3	小川
	pla duk	(2)	
	pla duk＋pla kang	(1)	
nueng pla	魚のヌン：	2	小川
	pla duk＋pla kang＋pla lai	(1)	
	pla duk＋pla kang	(1)	
ping pla	焼き魚：	2	小川
	pla lai	(1)	
	pla duk＋pla kang＋pla lai	(1)	
pla som	ナレズシ（pla taphian : *Pungitius* spp.；トゲウオ科）：焼いたもの	1	購入
kaeng hoi	hoi chup（オニノツノガイ科・カニモリガイ科）のケーン	1	小川
ping pla thu	アジの干物を焼いたもの	1	購入

昆虫が主な食材の料理

料理名		回数	主な食材の由来
kaeng maeng la ngam	ヤゴのケーン： maeng la ngam（ヤゴ）＋huak kop（おたまじゃくし）＋pla siu（コイ科）＋ngot nam（タイコウチ）	1	池
		1	

植物が主な食材の料理

料理名		回数	主な食材の由来
kaeng no mai	タケノコのケーン	5	水田＋森林
mak khuea	mak khuea（ナスの一種：*Linociera parkinsonii*）の実：生で（パック）	5	購入
phak kathin	kathin（イピルイピル：*Leucaenea glauca*）の実：生で（パック）	5	栽培（屋敷地）
taeng kwa	キュウリ：生で（パック）	5	購入
no mai tom	茹でたタケノコ	2	水田＋森林
tam taeng	taeng ching（マクワウリの仲間：*Cucumis melo*）のタム	2	栽培（菜園）
kaeng khi lek	khi lek（タガヤサン：*Cassia siamea*）の葉のケーン	2	栽培（寺）
kathin	イピルイピルの幼芽：生で（パック）	2	栽培（屋敷地）
hom hu suea	生で（パック）	1	野生（集落内）
mak khaeng	mak khaeng（ナスの一種：*Solanum torvum*）の実：生で（パック）	1	栽培（菜園）
phak kadon	kadon（*Careya sphaerica*；サガリバナ科）の幼芽：生で（パック）	1	野生（水田）
phak mak yom	yom（アメダマノキ：*Phyllanthus acidus*）の幼芽：生で（パック）	1	栽培（屋敷地）
phak mueat	mueat（*Memecylon edule*；ノボタン科）の幼芽：生で（パック）	1	野生（森）
phak tiu	tiu（*Cratoxylum formosum*；オトギリソウ科）の幼芽：生で（パック）	1	野生（森）
		34	
chaeo	唐辛子ベースのタレ	10	
合計		78	

表5-2　サティアン家の料理データ：8月（全39回の食事）

調理された回数，または他家より贈与された回数を示す．但し，生で食べる植物(phak)は，供された回数．

哺乳類・鳥類・爬虫類が主な食材の料理

料理名		回数	主な食材の由来
ping kai	焼き鶏	2	飼育
khai chiao	卵焼き	2	購入
mok nu	野ネズミのモック	1	水田
kaeng bang	ヒヨケザル（*Cynocephalus variegatus*）のケーン	1	森
kaeng kai	鶏のケーン	1	飼育
kaeng katae	katae（ツパイ科）のケーン	1	森
kaeng nok kathaet	nok kathaet（野鳥）のケーン	1	森
kaeng nu	野ネズミのケーン	1	水田
khai tom	ゆで卵	1	飼育
ping kapom	焼いた kapom（アガマ科）	1	森
ping katae	焼いた katae	1	森
larp nok noi	nok noi（野鳥）のラープ	1	森
larp ua	牛肉のラープ	1	飼育
pon yae	yae（トカゲの一種：*Leiolepis* spp.）のポン	1	森
tom nok noi	nok noi のトム	1	森
		17	

両生類・魚類・貝類・エビ・カニが主な食材の料理

料理名		回数	主な食材の由来
kaeng hoi	hoi chup（オニノツノガイ科・カニモリガイ科）のケーン	2	池
pon kop	kop（カエル：アカガエル科）のポン	2	水田
kop phat	kop の炒め物	1	水田
ping kop	焼いた kop	1	水田
pla kapong	イワシの缶詰	1	購入
ping pla	焼き魚：pla kho（*Channa striata*；タイワンドジョウ科）	1	小川
pla som	ナレズシ（pla taphian : *Pungitius* spp.；トゲウオ科）：焼いたもの	1	購入
ping pla thu	焼いたアジの干物	1	購入
thoat khiat	揚げた khiat（小型のカエル：アカガエル科）	1	水田
tom khiat	khiat のトム	1	水田
		12	

昆虫が主な食材の料理　　なし

植物が主な食材の料理

料理名		回数	主な食材の由来
taeng ching	taeng ching（マクワウリの仲間：*Cucumis melo*）：生で（パック）	8	栽培(菜園)
kaeng het	キノコのケーン	4	森
no mai tom	茹でたタケノコ	4	水田・森
kaeng no mai	タケノコのケーン	3	水田・森
tam taeng	taeng ching のタム	2	栽培(菜園)
mak ling mai	ling mai（ソリザヤノキ：*Oroxylum indicumi*）の実：焼いたもの(パック)	2	栽培(屋敷地)
kathin	kathin（イピルイピル：*Leucaenea glauca*）の実：生で（パック）	2	栽培(屋敷地)
taeng kwa	キュウリ：生で（パック）	2	購入
phat phak bung	phak bung（ヨウサイ：*Ipomoea reptans*）の炒め物	1	購入
pon mak khuea	mak khuea（ナスの一種：*Linociera parkinsonii*）のポン	1	栽培(菜園)
tam hung	未熟なパパイアのタム	1	栽培(屋敷地)
tam thua	ササゲマメのタム	1	栽培(菜園)
tom taeng	taeng ching のトム	1	栽培(菜園)
bai sadao	sadao（インドセンダンの変種：*Azadirachta indica* Juss. var. siamensis）の幼芽：生で(パック)	1	栽培(水田)
		33	
chaeo	唐辛子ベースのタレ	10	
合計		72	

表 5-3　サティアン家の料理データ：9 月（全23回の食事）

調理された回数，または他家より贈与された回数を示す．但し，生で食べる野菜は，供された回数．

哺乳類・爬虫類・鳥類が主な食材の料理

料理名		回数	主な食材の由来
kaeng katae	katae（ツパイ科）のケーン	1	森
kaeng ua	牛肉のケーン	1	飼育
lap katae	katae のラープ	1	森
ping nuea ua haeng	焼いた牛干し肉	1	飼育
tom ua	牛肉のトム	1	飼育
		5	

両生類・魚類・貝類・エビ・カニが主な食材の料理

料理名		回数	主な食材の由来
kaeng pla	魚のケーン	7	小川・水田
	pla khoa（*Channa striata*；タイワンドジョウ科）	(2)	
	不明	(2)	
	pla kho＋pla kang（雷魚に似た魚）	(1)	
	pla lai（タウナギ：*Fluta alba*）	(1)	
	pla duk（ナマズ）	(1)	
kaeng pla krapong	缶詰の魚のケーン	1	購入
koi hoi	hoi chup（オニノツノガイ科・カニモリガイ科）のコーイ	1	池
pon kop	kop（カエル：アカガエル科）のポン	1	小川
pon ueng	ueng（カエルの一種：ヒメアマガエル科）のポン	1	森
u pla siu	pla siu（コイ科）のウ	1	小川
		12	

昆虫が主な食材の料理

料理名		回数	主な食材の由来
maeng khap	maeng khap（*Belionota prasina*；タマムシ科）：炒ったもの	1	森
		1	

植物が主な食材の料理

料理名		回数	主な食材の由来
kaeng no mai	タケノコのケーン	5	森・水田
mak khuea	mak khuea（ナスの一種：*Linociera parkinsonii*）：生で（パック）	3	栽培（菜園）
mak thua	ササゲマメ：生で（パック）	3	栽培（菜園）
no mai tom	茹でたタケノコ	2	森・水田
kathin	kathin（イピルイピル：*Leucaenea glauca*）の実：生で（パック）	2	栽培（屋敷地）
mak ling mai	ling mai（*Oroxylum indicumi*；ノウゼンカズラ科）の実：焼いたもの（パック）	2	栽培（屋敷地）
mak ue	カボチャ：蒸したもの（パック）	2	栽培（菜園）
phak kang chon	phak kang chon：生で（パック）	2	森
phi kluai	バナナの花	2	栽培（菜園）
taeng ching	taeng ching（マクワウリの仲間：*Cucumis melo*）：生で（パック）	2	栽培（菜園）
tam hung	未熟パパイアのタム	1	栽培（屋敷地）
nuean mak khuea	mak khuea のヌン	1	栽培（菜園）
		27	
chaeo	唐辛子ベースのタレ	4	
(chaeo no mai som)	（発酵タケノコ入り）	(1)	
合計		49	

表 5-4　サティアン家の料理データ：2 月（全38回の食事）

調理された回数，または他家より贈与された回数を示す．但し、生で食べる野菜は，供された回数．

哺乳類・爬虫類・鳥類が主な食材の料理

料理名		回数	主な食材の由来
kaeng kai	鶏のケーン	4	飼育
khai chiao	卵焼き	3	購入
kaeng men	men（ヤマアラシ科）のケーン	2	森
lap kai	鶏のラープ	2	飼育
kaeng kai pa	kai pa（野鶏：*Gallus gallus*）のケーン	1	森
koi kai pa	kai pa のコーイ	1	森
koi katae	katae（ツパイ科）のコーイ	1	森
khua nu	炒った野ネズミ	1	水田
mok nu	野ネズミのモック	1	水田
kaeng nuea	牛肉のケーン	1	飼育
tom ua	牛肉のトム	1	飼育
		18	

両生類・魚類・貝類・エビ・カニが主な食材の料理

料理名		回数	主な食材の由来
kaeng pla	魚のケーン：	5	
	pla duk（*Clarias batrachus*；ヒレナマズ科）	(2)	飼育
	不明	(2)	小川
	pla siu（コイ科）＋pla kang（雷魚に似た魚）	(1)	小川
pla kapong	缶詰の魚	2	購入
kaeng ueng	ueng（カエルの一種：ヒメアマガエル科）のケーン	1	森
mok pla	pla siu のモック	1	小川
ping pla	焼き魚：不明	1	小川
khua kung	炒ったエビ	1	小川
		11	

昆虫が主な食材の料理　　なし

植物が主な食材の料理

料理名		回数	主な食材の由来
tam hung	未熟なパパイアのタム	4	栽培(屋敷地)
kaeng no mai	タケノコのケーン	3	森
bai mamuang	マンゴの幼芽：生で（パック）	2	栽培(屋敷地)
som phak bua	ネギの塩漬け（パック）	2	栽培(屋敷地)
kaeng mak mi	ジャックフルーツのケーン	1	栽培(屋敷地)
sup mak mi	ジャックフルーツのスップ	1	栽培(屋敷地)
tam taeng kwa	キュウリのタム	1	購入
mak khaeng	mak khaeng（ナスの一種：*Solanum torvum*）：生で（パック）	1	栽培(屋敷地)
phak buang	生で（パック）	1	森
phak chi	コリアンダー：生で（パック）	1	栽培(屋敷地)
phak khat khao	白菜：生で（パック）	1	購入
phak kha	kha（*Acacia pennata* subsp. insuvis）の幼芽：生で（パック）	1	栽培(屋敷地)
phak khon khaen	khon khaen（*Dracaena angustifolia*；リュウケツジュ属）の幼芽：蒸す（パック）	1	森
phak nam	phak nam（ミズヤツデ：*Lasia spinosa*）：茹でたもの（パック）	1	森
taeng kwa	キュウリ：生で（パック）	1	購入
		22	
chaeo	唐辛子ベースのタレ	7	
合計		58	

表 5-5　サティアン家の料理データ：3 月（全30回の食事）

調理された回数，または他家より贈与された回数を示す．但し、生で食べる野菜は，供された回数．

哺乳類・爬虫類・鳥類が主な食材の料理

料理名		回数	主な食材の由来
koi kapom	kapom（アガマ科）のコーイ	2	森
kaeng laen	takuat（*Varanus bengalensis*；オオトカゲ科）のケーン	1	森
khai chiao	卵焼き	1	購入
som men	塩・香辛料で発酵させた men（ヤマアラシ科）の肉	1	森
		5	

両生類・魚類・貝類・エビ・カニが主な食材の料理

料理名		回数	主な食材の由来
kaeng hoi	hoi chup（オニノツノガイ科・カニモリガイ科）のケーン	3	池
kaeng pla	魚のケーン：pla mo（キノボリウオ科）+ pla kho（*Channa striata*；タイワンドジョウ科）	1	小川
nueng pla	魚のヌン：不明	1	小川
tom pla	魚のトム：	2	
	メコン川の魚	(1)	購入
	不明	(1)	小川
pon pla haeng	魚の干物のポン：メコン川の魚	2	Dong Na 村よりもらった
lap pla	魚のラープ：メコン川の魚	1	購入
lap pla krapong	缶詰の魚のラープ	1	購入
kaeng khiat	khiat（小型のカエル：アカガエル科）のケーン	1	森
tom ueng	ueng（カエルの一種：ヒメアマガエル科）のトム	1	森
		13	

昆虫が主な食材の料理		なし	

植物が主な食材の料理

料理名		回数	主な食材の由来
tam hung	未熟なパパイアのタム	6	栽培(屋敷地)
kaeng no mai	タケノコのケーン（缶詰）	3	森
kaeng bon	bon（サトイモ科）の茎のケーン	2	森
tam taeng	キュウリのタム	2	購入
nuean mak khuea	mak khuea（ナスの一種：*Linociera parkinsonii*）のヌアン*	1	栽培(屋敷地)
tam mak khuea	mak khuea のタム	1	栽培(屋敷地)
phak kadon	kadon（*Careya sphaerica*；サガリバナ科）の幼芽：生で（パック）	5	森
phak khat	キャベツ：生で（パック）	1	購入
phak kha	kha（*Acacia pennata* subsp. insuvis）の幼芽：生で（パック）	1	購入
		22	
chaeo	唐辛子ベースのタレ	4	
合計		44	

*nuean mak khuea は，魚などのポンの中に mak khuea を入れた料理

サティアン家が村外から時折訪れるＮＧＯスタッフ達の常宿だったことである。彼らは、村で研修や会合を催すとき、市場で購入した食物を大量に持ち込む。そのような事例は、データから省いてある。

表5-1から**表5-5**は、サティアン家の食卓に上った料理のデータを主な食材の種類毎に分けて示している。**表5-1**（六月）、**表5-2**（七月）、**表5-3**（八月）が雨季のデータ、**表5-4**（二月）、**表5-5**（三月）が乾季のデータである。動物性蛋白については、「哺乳類・爬虫類・鳥類」、「両生類・魚類・貝類・エビ・カニ」、「昆虫」に分けた。この内、「哺乳類・爬虫類・鳥類」は主に森で狩猟によって得られるもの、両生類・魚類・貝類・エビ・カニ」は主に水辺で捕獲するものである。昆虫類は、森からのものと水辺からものの両者あるが、数が少ないので別項にした。主な食材の由来として、「野生（または採取場所）」、「栽培・飼育」、「購入」に分けたが、「購入」とは村外からのものだけで、村人からの野獣や牛・鶏肉の購入は含まない。ここで注目するのはあくまで食材の「由来」で、サティアン家の家計ではないからである。

また、「回数」は、基本的に料理された回数（もしくは他家からもらったり、外で購入してきた回数）で、食事に供された回数ではない。つまり、「残りもの」が次の食事の際にも出されることもあるが、そういう場合はカウントしていない。村人たちの自然からの食物の採取は、後に述べるように、基本的には一回の料理・食事のためのもので、一度にたくさん作り置きする意図ではないからである。ただし、「野菜」（phak）のカテゴリーに入るものだけは、特に栽培植物など、一度に収穫しておいて何日も食べる傾向が見られたので、例外的に、実際に供された回数で計算している。

この**表5-1**から**表5-5**のデータを基に、月毎の割合の変化を示したのが**図5-1**である。また、これを食材の由来に注目して示したのが**図5-2**である。

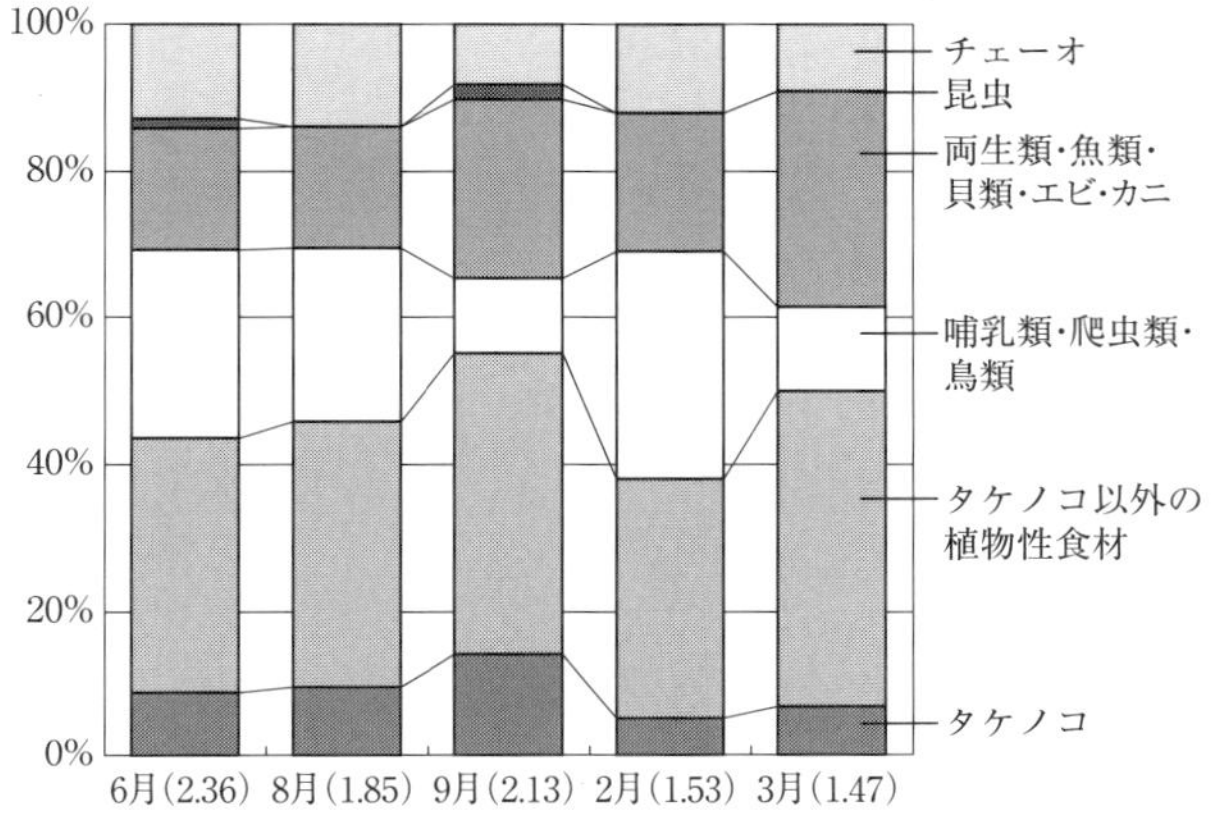

図5-1　サティアン家の料理データ　主な食材の種類毎の割合と季節変化

括弧内は，月平均の一回の食事あたりの料理品数を示す．

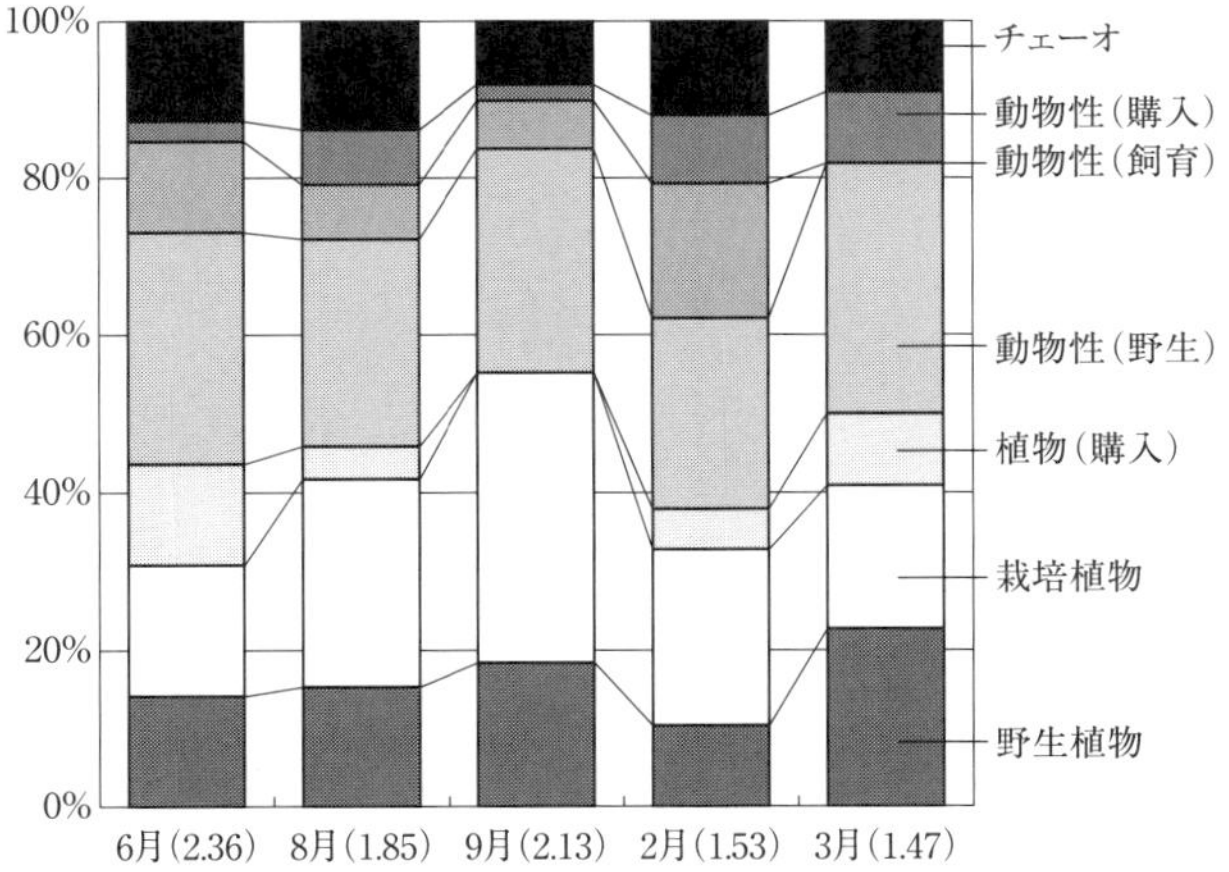

図5-2　サティアン家の料理データ　主な食材の由来による割合と季節変化

括弧内は，月平均の一回の食事あたりの料理品数を示す．

雨季

通常、雨季は五月末か六月から始まり、一〇月まで続く。ただし、六月くらいまでの雨季の初めには、まだ、毎日、雨が降る、というほどではない。特に、この調査を行った一九九八年は、エルニーニョ現象のせいで七月末まで本格的な降雨はなかった。村人たちの水田は、ほとんどが天水だけに頼っている。この年は、準備した苗代は大きな被害を受け、また、十分に水がたまらなかった水田では作付けができず、不作の年となった。

さて、この雨季の初めには、タケノコは既に出ているが、まだそれほど多くはない。六月（**表5-1**）には、タケノコ料理は全七八回の料理中、タケノコの「ケーン」(kaeng no mai) 五回、茹でたタケノコ (no mai tom) 二回の合計七回だった。**図5-1**、**図5-2**からもわかるように、例えば九月のような本格的雨季に比べ、割合は低い。まだ、水田に水がたまる前なので、魚やカエルを捕まえるのも本格的雨季に比べると難しい。その代わりに、池で、おたまじゃくしやヤゴ（トンボの幼虫）を捕まえ、食べていた。これらはこの時期特有の食材である。それを過ぎると成長してしまう[10]。

次に本格的雨季を見てみよう。八月（**表5-2**）には、タケノコ料理は七二回中七回と、六月と大差ない割合である。これは、例年は七月のはずの田植えが、降雨が足りず、八月にシーズンがずれこんだ。そのため、その間は、採集に行く時間がなかったためである。村で同居しているサティアン氏の娘はまだ小学生で平日は三時まで学校があるので、たまにしかタケノコ採りには行けない。中学を終えて、家に戻っていた次男は、時折、狩猟や魚捕りには行ったが、タケノコ採りには行かなかった。この田植えの期間中は、水田周辺で食べ物を調達することが多かった。野ネズミ（**表5-2**で三回）やカエル（**表5-2**で五回）はそれである。

例えば、田植えが始まった八月一〇日の食事は次のようなものだった。朝食は前日の残り。昼食は、水田脇の休み屋で、カエル（朝、サティアン氏が水田で捕まえた）の「ポン」と、付け合わせの野菜（phak：後述）として、「テーン・チーン」（マクワウリの仲間 *Cucumis melo*）、「カティン」（kathin）の実（イピルイピル *Leucaenea glauca*）、「サダオ」（sadao：インドセンダンの変種 *Azadirachta indica* Juss. var. siamensis Valeton）の幼芽を食べた。これらはすべて、水田脇に植えてあるものだった。

面白いのは、八月一二日と一九日にキノコが料理されていることである。まだ、田植えの期間中である。しかし、タケノコと違い不規則にしか出ないキノコを逃すまいと、村人たちは労働力の一部をキノコ採りに割いたのである。

九月には、田植えも既に終わり、タケノコ料理の割合が最も高くなる。**表5–3**では、四九回中タケノコ料理が七回含まれている（「ケーン」が五回、茹でたタケノコが二回。これには、塩漬けの「ノマーイ・ソム」は含んでいない）。魚の「ケーン」（kaeng pla）も七回と多く食べられている。これは、九月にサティアン氏が小川に「トン・プラー」（ton pla）と呼ばれる簗に似た仕掛けを作ったため、毎日、そこから魚がとれるようになったからである。

図5–1からは、タケノコの割合はそれほど大きい印象を受けない。しかし、実際には、一度に料理する量が多く、一度に食卓に供される量も残り物の量もほかの料理より多い。従って、食卓に座った感覚では、タケノコの比重は、少なくとも**図5–1**の倍程度には感じられる。実際、この時期、ほとんど毎日タケノコ料理を食べていた（**写真5–7**、**写真5–8**）。

この時期には、総じて村人は精力的にタケノコを採り、生のまま仲買の商人に売ったり、販売用の缶詰を

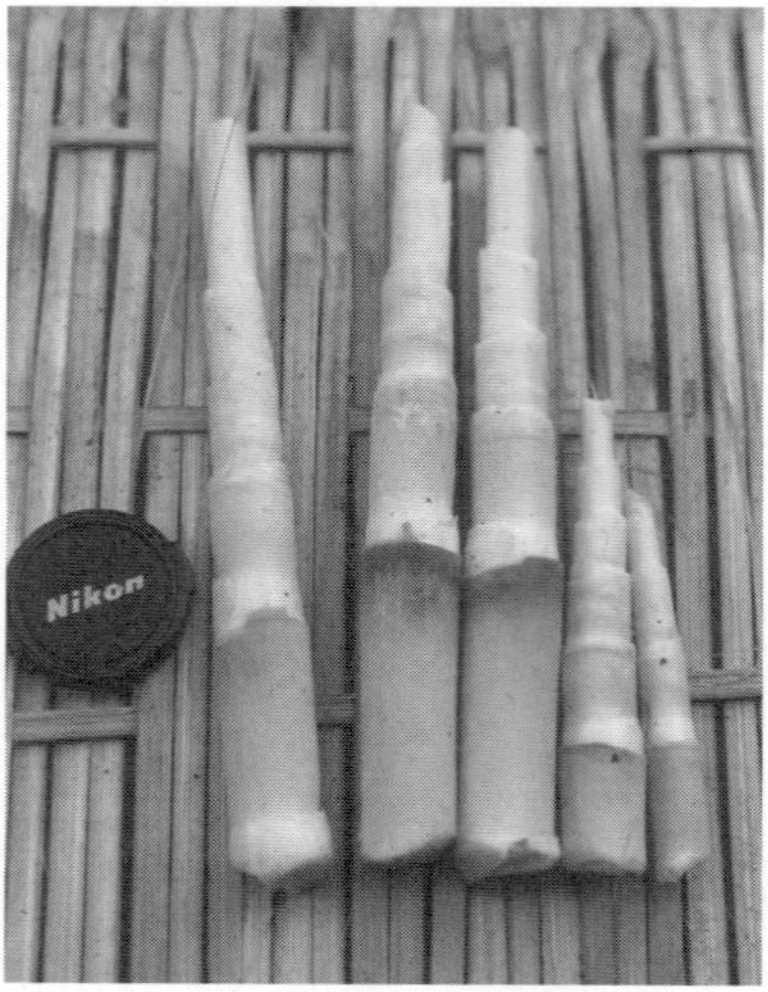

写真 5-7　タケノコ：皮をむいたところ

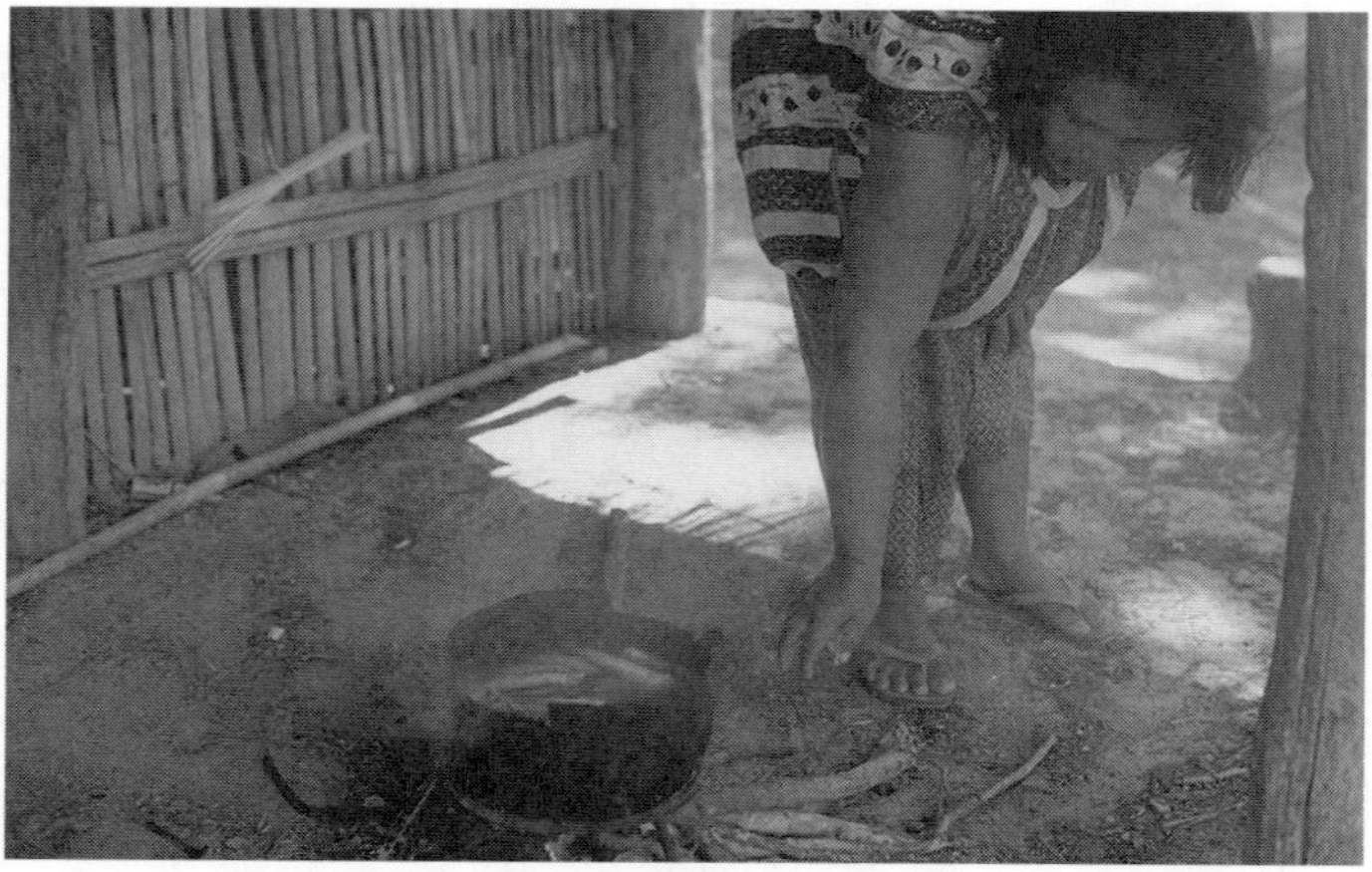

写真 5-8　田植えの合間に水田脇の休み屋でタケノコをゆでる

作ったりしていた。一部は「ノマーイ・ソム」にも加工されていた。「ノマーイ・ソム」は一年間保存可能だが、「保存食」である以上に、酸味調味料である「ソム」の一つとして位置づけられている。実際、作ってすぐから食べていた。九月には、例えば魚の「ケーン」のための「ソム」として頻繁に使われていた。

村人たちが頻繁にタケノコを食べるのは、「ケーン」の「主な具材」として、魚や肉は別にして、「キーレック」や「ボーン」という他の植物性のものよりは好むからなのだが、それでも毎日のように続くとさすがに彼らも「もうタケノコは飽きたよ」などと口にするようになる。

タケノコやキノコ、魚類は雨季の代表的な食材である。しかし、それ以外に、野生動物も食べられるし、野菜類も頻繁に供される。ここでいう「野生動物」とは、**表5-1**から**表5-5**の「哺乳類・爬虫類・鳥類」のうち野生のものである。これらは、主に狩猟で得られる。

サティアン家では、サティアン氏自身は鉄砲の打ち方を知らないので、わなを使うか、手で爬虫類を捕まえるくらいしかできないのだが、彼の二人の息子は鉄砲が使えるので、時々、鉄砲を持って森へ狩猟に行く。[11] このデータをとった一九九八年から一九九九年にかけては、高校生だった長男は週末にしか家に帰らなかったが、[12] 次男は中学卒業後、高校での勉強が嫌になり、データを取り始めた六月には帰宅していて、時々、村内の友達などとともに狩猟に出ていた。**表5-1**では七八回の料理の内、野生動物は一一回を数えるが、この内五回がイノシシ（*Sus scrofa*）である。この時のイノシシの肉は、隣に住む、義弟からもらったものである。イノシシのような大型獣を狙うときには、特別に一〇人くらいのグループを作って狩に出る。彼は、そういう狩猟のグループに加わり、そこで獲られたイノシシの肉の分配を受けたのだ。さらにサティアン家にもそのおすそ分けが来たのである。後に述べるように、このようなことは非常に稀である。八月には、七二回の内、一〇回を野生動物が占めている。六月とほぼ同じ割合である。イノシシ肉はなかったが、

写真5–9　息子が仕留めてきたトカゲ

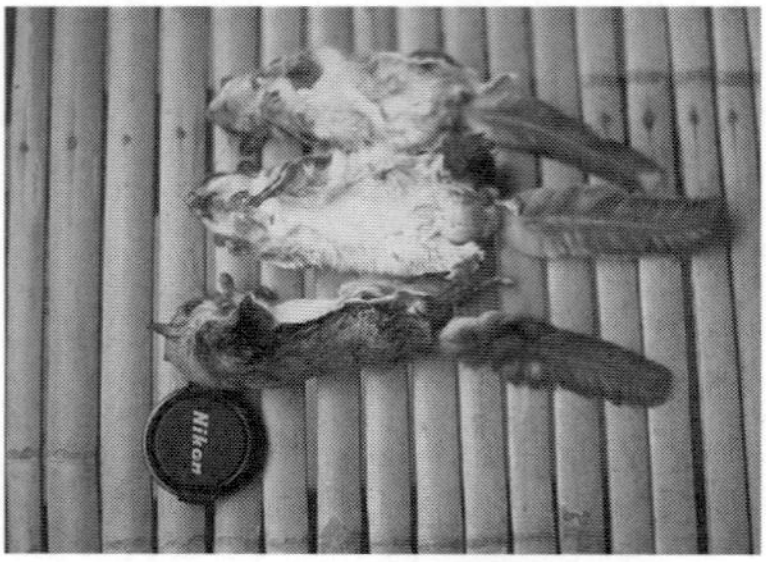

写真5–10　息子が仕留めてきたヒヨケザル

すでに述べたように田植えの時期だったので水田で野ネズミをわなで捕って食べたり、次男が狩猟で小動物を獲ってきたりであった（**写真5–9**、**写真5–10**）。しかし九月には四〇回の内、野生動物は僅か三回で、全て義弟よりもらったものである。九月には次男はバンコクへ働きにいっていたためである。

　次は野菜である。ここで言う「野菜」とは、村人の食生活の脈絡で「パック」(phak) と呼ばれるものの訳語である。「パック」という語は、野菜全般を意味する（標準タイ語でも同じ）。しかし、「「パック」として食べる」(kin pen phak) というように、食べ物のカテゴリーとしては、調理された料理とは別に、それに付随する野菜という含意を持つ。このような意味での「パック」は生のまま食べることが多いが、「パック・ナム」(phak nam：ミズヤツデ *Lasia spinosa*) のように茹でたり、「マック・リンマイ」(mak ling mai：ソリザヤノキ *Oroxylum indicum*) のように焼いたりするものも含む。しかし、同じ茹でるのでも、茹でたタケノコを「パック」とは言わない。村人達は、おかずが「チェーオ」と「パック」しかないと食事は、とても粗末なものだと考えるが、茹でたタケノコがあれば、まあ、普通、と考える。この辺にも、村人が「パック」を補助的な食べ物と認識していることが現れている。雨季には、量ならば、野生植物よりも栽培植物の方が多い。**表5–1**、**表5–2**、**表5–3**でも圧倒的に栽培植物の割合が多い。「テーン・

チーン」とナスが特によく食べられている。これは、サティアン家の菜園で栽培しているからである。サティアン家と同じように、水田周辺などに小さな菜園を作る村人は他にもおり、家庭菜園はほぼ全世帯が持っている。

ウリやナスの他には、「カティン」の実もよく生で「パック」として食べられる。「カティン」はどこの家でも、家の周りに植えており、最も一般的な「パック」の一つである。

乾季

乾季はおおまかにいえば、雨季の反対、つまり、一一月ごろから五月ごろまでである。筆者の手元には、本格的乾季の二月と三月のデータしかない。乾季には水田が干上がり、タケノコのような常に手に入るものがないというように、自然から食物をとってくることが難しくなるのが雨季との一番の違いである。稲の収穫が終わるとほとんどの村人（男性）は毎日のように森へ行く。林間放牧してある牛や水牛を見に行く合間やついでに狩猟や魚捕りに行くのである。狩猟はいつも獲物があるわけではない。道すがら、食べ物になるものは何でも持って帰る。特に乾季に特有なものに赤アリの卵がある。そのほか、「パック」として食べる樹木の幼芽も乾季の方が豊富である。魚捕りは雨季より難しい。一九九八年の一二月には、軍隊が支援して、各世帯の屋敷地内に小さな養魚池を掘るプロジェクトを行った[13]。村人は魚を飼い始め、乾季にもある程度の量の魚が簡単に得られることになった。しかし、それほど大きな池ではなく、何より、水の確保が難しいので、雨季に比べれば魚の量は少なく、同じ種類でも、養殖された魚は天然のものより味が落ちるという。養殖魚はあくまで天然の魚の代用でしかない。

サティアン家の食事データにも、雨季と比べ、いくつか違う特徴が見える。一番わかりやすい違いはタケ

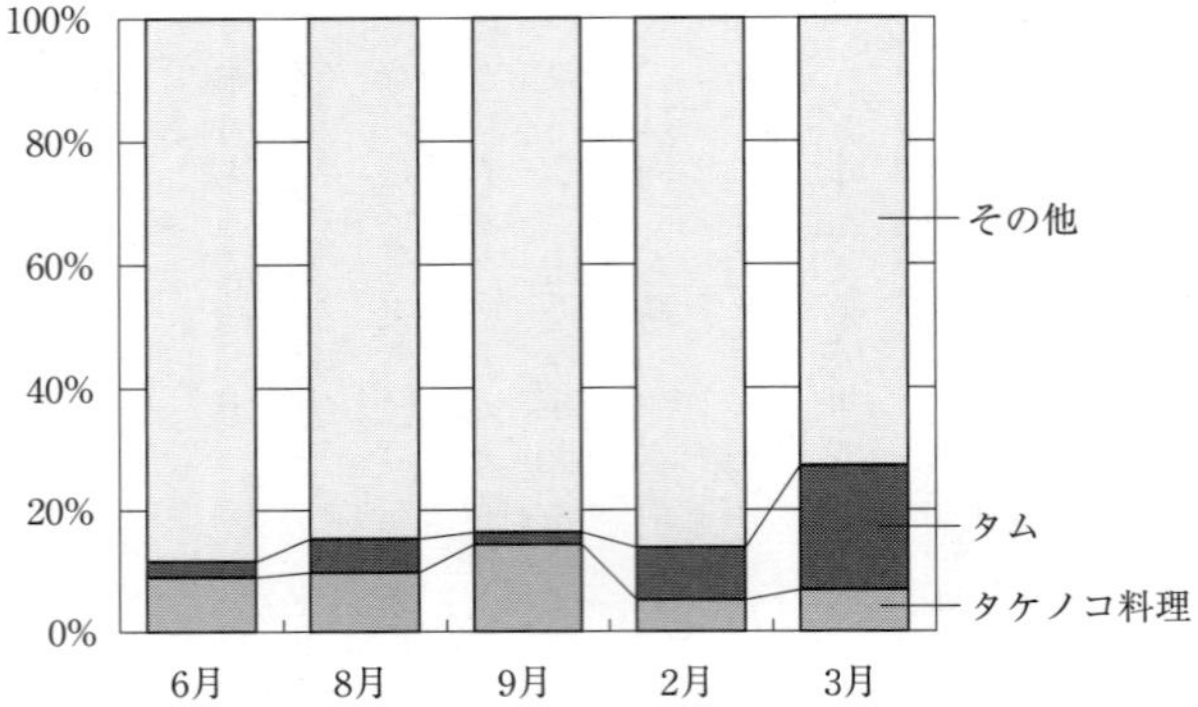

図 5-3　タケノコ料理とタムの割合の変化

ノコの頻度であろう。二月（表5-4）にはタケノコの「ケーン」が五八回中三回、三月（表5-5）には四四回中三回であった。茹でた「タケノコ」やそれ以外のタケノコ料理はなかった。二月に料理されたタケノコは地面から出るいわゆる「タケノコ」（「ノ」（no）と呼ばれる）ではなく、「ネーン」（naen）と呼ばれる、節から出る新芽である。自然には、「ネーン」は一二月ごろ出るのが普通だが、人為的にタケの木を切るなどして痛めつけた場合、それ以外の時期にも出るのだという。二月にサティアン家で食べられた「ネーン」は、サティアン氏が何か道具を作るためにタケ材を切り出した結果、出たものだと言う[14]。三月のタケノコの「ケーン」は全て、他家よりの到来物で、缶詰のタケノコを利用したものである。サティアン家でも缶詰は作ったが、これは販売するために作ったので、自家消費はしなかった。だから、同じ三回と言っても、雨季のタケノコが豊富な時期の三回とは量が違う。いずれにせよ、タケノコ料理は乾季には珍しい料理である。

野生動物の料理の割合は雨季とそれほど違わない。魚も、それほど少なくはなっていないが、養魚池の魚を食べたのは二月の二回だけである。二月半ばに、養魚池の水を入れ替えるため、魚を全部食べてしまったためでもある。

データからわかるのは、タケノコの減少分の一部が「タム」によって補われているということである（図

5－3）。「タム」は二月には五八回中五回、三月には四四回中六回を数えるのに対し、六月には七八回中三回、八月には七二回中四回、九月には四九回中、僅か一回しか料理されていない。「タム」の内、最も一般的なのは未熟なパパイアを使った「タム・フン」だが、パパイアはどこの家にも植えられてあり、雨季、乾季を問わず、簡単に手に入る。つまり、村人は、乾季にタケノコやキノコが手に入らない分を、最も身近で簡単な方法で埋め合わせているのである。

さらに、二月には鶏が多く食べられている（六回）。これは、全部、サティアン家で飼育していたのをつぶしたのではなく、到来ものが偶然重なったこともあるが、これも自然の食物の少なくなる乾季のしのぎ方の一つなのだろう。三月には、異常気象で降雨が多く、二月に比べ魚やカエルが多く捕れるようになり、野生の動物性食材の割合が増えている（**図5－2**）。

材料の減る乾季には一度の食事当たりに調理される料理の品数も減る。雨季では、六月が平均二・三六、八月が一・八五、九月が二・一三であるのに対し、乾季の二月は一・五三、三月は一・四七である（いずれも、小数点二桁未満四捨五入）。乾季には、雨季に比べ、低いことは事実である。

次に、「パック」についてだが、ここにも養魚池造成の影響が見られる。養魚池の周りに蔬菜類を植え始めた。その結果、例えば、それまで雨季の間でも購入していた「ソム・パック」（som phak：ネギの塩漬け）を作って食べるようになった。しかし、雨季によく食べられていたウリ（「テーン・チーン」）は植えられておらず、一度も食膳に上ることはなかった。蔬菜類に比べ大きく、より広い土地と水が要るので無理なのだろう。

その代わりに、乾季にはさまざまな種類の樹木の幼芽が出るので、それを「パック」として食べる。**表5－4**、**表5－5**には、野生の樹木の幼芽として「パック・カドーン」（phak kadon：サガリバナ科 *Careya* *sphaerica*）と「パック・コンケン」（phak khon khaen：リュウケツジュ属 *Dracaena angustifolia*）、栽培種のものとして、マンゴの幼芽（bai mak muang）、「パック・カー」（phak kha：*Acacia pennata* subsp. insuavis）が挙がっている。特に、三月に入って、「パック・カドーン」が出始め、野生植物の占める割合の伸びが顕著になっている（**図5–2**）。

一五世帯の追加調査

毎日、自然から、あるいは、飼育・栽培されたものもふくめて、どこから、どのような食物をとって料理し食べているのか。サティアン家の食事データと、家族の日常生活の様子を併せ見ることで、特に、季節の変化や、農作業、そのほかの細々とした時々の都合に、どう対応しているのかがよくわかった。村人たちの食生活は、おおむね似たりよったりではあるものの、ただ一世帯のデータでは心もとないところもある。そこで、雨季の最中、乾季の最中、それぞれ四〇日間につき、もう一五軒分、同様の食事データを集めた。期間は、二〇〇〇年七月二〇日から八月三〇日まで、および、二〇〇一年二月一〇日から三月二〇日までである。

サティアン家でのものと同じように、「料理した回数（品数）」をカウントした。ここでは、食物の詳しい種類には踏み込まず、それぞれの料理の主たる材料がどこからきたかにしたがって、「野生」のもの、「飼育・栽培」したもの、「購入」したもの、に分けた。それ以外に、他家で調理された料理をおすそ分けしてもらったものは、「到来品」、自家製の加工食品は、その原材料の由来は不明なことが多かったので、一括して、「自家製」とした。

図5–4、**図5–5**、は、その調査の結果、得られたデータを、それぞれ、雨季、乾季の別に、世帯ごとに

示したものである。世帯ごとに、家で食事をとらなかった日があったので、記録の対象となった食事の回数が異なる。従って、料理された品数の実数ではなく、それを食事の回数で割ったもの、つまり、食事一回あたりに料理された品数の平均（であるから、残り物が再度、食卓に上った場合は入っていない）を、世帯ごとの棒グラフにし、上のような、「野生」「飼育・栽培」「購入」「到来品」「自家製」の内訳を示した。一五世帯中、一世帯は、雨季のデータが取れず、乾季だけとなっている。

やはり、「野生」のものが大きな割合を占めていることがわかる。世帯による差があるが、雨季と乾季を比べると、どの世帯でも雨季の方が「野生」「飼育・栽培」の占める割合が若干、高くなり、逆にその分、乾季では「購入」の割合が高いのがわかる。

一回の食事に調理される品数は、どの世帯を見ても、サティアン家より少ない。この一五世帯のデータ収集は、村人に「調理された料理」を記録するよう委託したので、「チェーオ」と「パック」が含まれていないことが原因だろう。それに加え、サティアン家では、私に気を使い、普段より多少、多めに食事を用意してくれた可能性もある。この一回あたりの品数だが、意外なことに乾季のほうが若干、多めになっている。「野生」や「飼育・栽培」で得られる食物が量的に不足する分を「購入」で補うので、品数としては多くなるということもあるだろうが、下で述べるように、雨季には、タケノコの「ケーン」のように、一度に料理する量も多めになるため、次の食事を残り物で済ますことが乾季より多いのだろうと思われる。

自然の流れに従った食生活

村人たちは、乾季は雨季に比べて自然から食物を得ることが難しいことを強調するが、サティアン家、さらに追加調査の一五世帯の食事データを見る限りでは、雨季と乾季の差はそれほど大きくない。村人たち

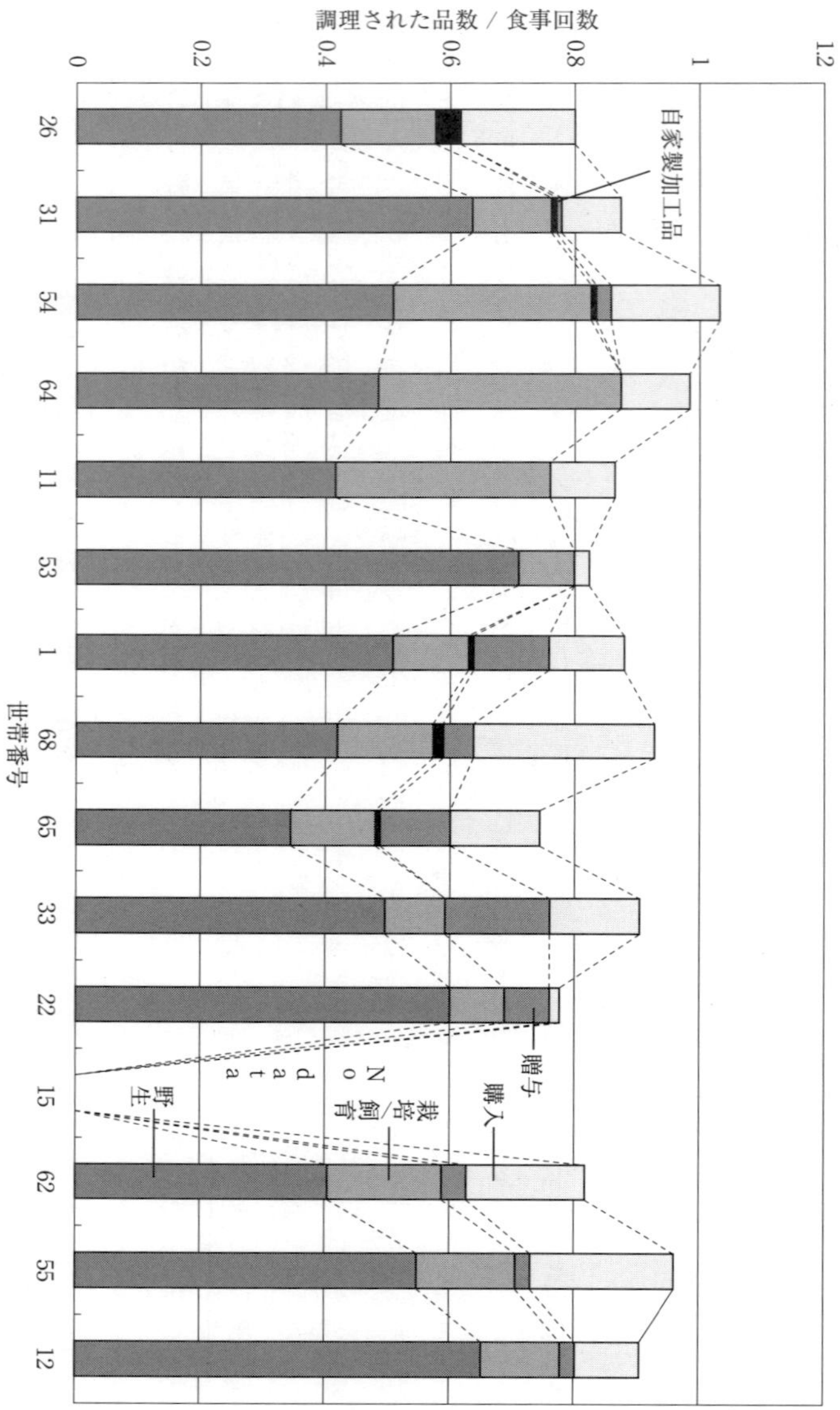

図5-4　15世帯の主な食材の由来（雨期）

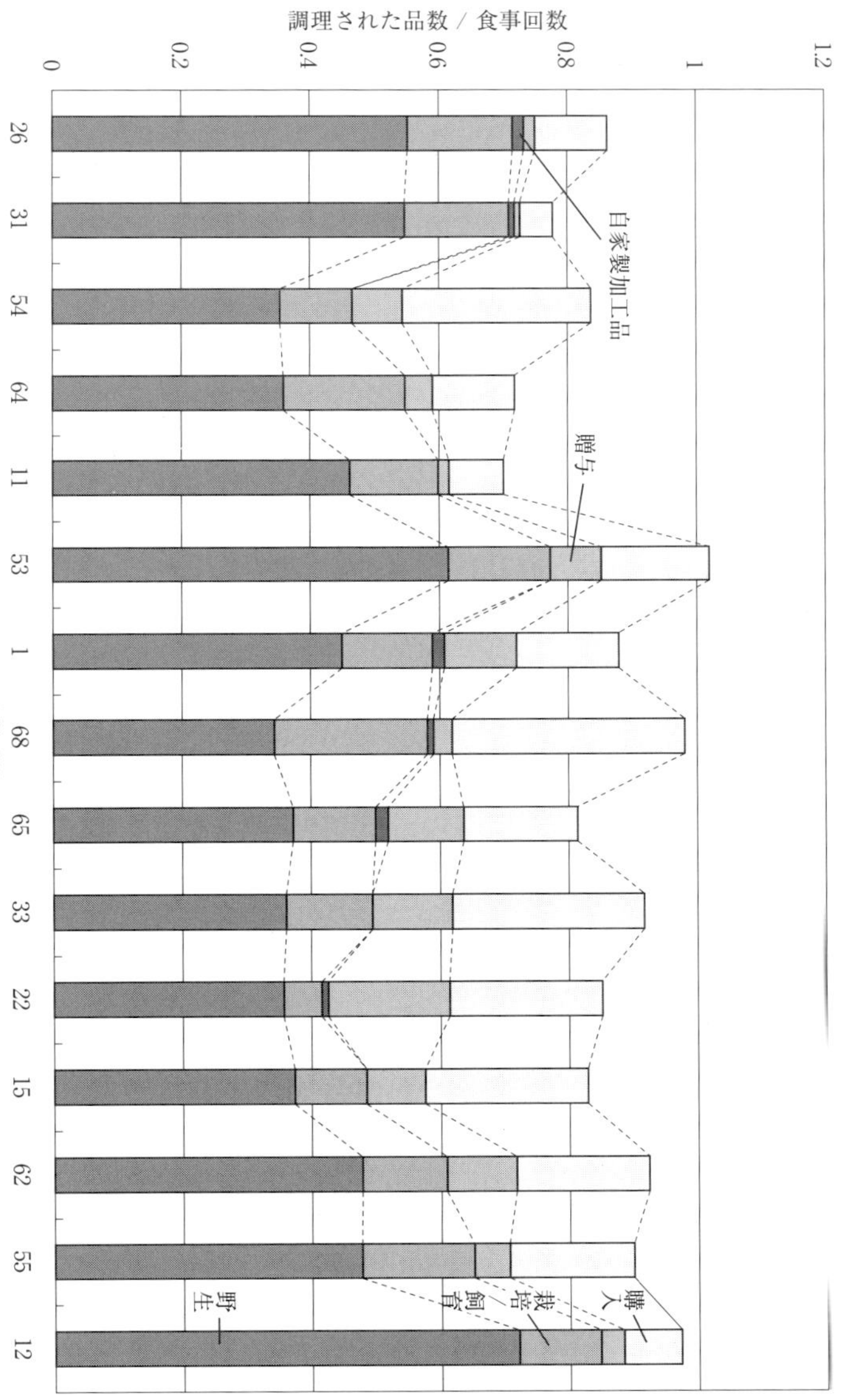

図5-5　15世帯の主な食材の由来（乾期）

も、ある部分で、このことを認めている。例えば、雨季の間有り余るほどあるタケノコを、乾季用に保存が出来る。タケノコの缶詰が現に作られている。しかし、ほとんどは販売用か米との交換用で、自分で食べることがあったとしてもほんの一部でしかない。「乾季にも、雨季よりは少ないけれど、他の食べ物があるから」、わざわざ、タケノコを保存したりはしないのだという。彼らは、このように、その時々の状況に応じて暮らすのがよいのだという。裏を返せば、乾季でも、保存食を備蓄しておかなければ飢え死にするということはない。その程度の食物は得られるのだ。

しかし、死ぬほどではないにせよ、乾季の食料確保はやはりそれなりに厳しい。村人たちは「たくさんある時はたくさん食べ、少ししかない時にはそれで我慢する」ともいう。時々の状況に応じた暮らすということは、自然の恵みに飽食したり、あるだけのもので耐え忍んだり、そういう波を季節として感じ取るということでもあるのだ。

同じ種類の食物を得るために費やす労力でも、乾季の方が大きいこともままある。例えば、「キアット」(khiat：アカガエル科の小型のカエル)は、雨季には水田や池で比較的簡単に捕まえられるが、乾季には、土を掘って捕まえなければならない。あるいは、得られる食物の量が雨季に比べ、少なくなりがちであることから、必然的に、一回の調理で作られる料理の量も雨季に比べ、乾季の方が少なくなる。このような、品数だけでは現れない部分もある。

ある種の開発援助のプロジェクトが、例えば養魚池のように、乾季の困難を和らげることは可能である。一九九八年の二月に短期滞在したときには、私自身、おかずが「チェーオ」と「パック」だけの夕食を経験したが、養魚地が作られた一九九九年にはそのような食事は一度としてなかった。サティアン家の料理データに養魚地の魚が占める割合は大きくない。しかし、「何もない」という非常時をなくしている、と考えれば、その意味は数字以上に大きい。今後も、様々な開発プロジェクトによって、雨季と乾季の食生活の差はあるいはさらに縮まるかもしれない。しかし、村人の「食物が豊富な雨季」という認識は、自然からタケノコやキノコ、天然の魚が豊富にもたらされる限り、すぐには変わらないだろう。

自然から食物をとってくるということは、雨季と乾季の差だけでなく、もっと細かな、日々の自然条件の移り変わりや、農作業など村人自身の生活スケジュール、種類ごとの生態的特性にも影響される。

自然から得られる食物は、大きく分けて、雨季、乾季を問わず年間を通じて得られるものと、そうでないものに分かれる。前者の例としては、魚や野生動物、植物では「キーレック」、「ボーン」などがある。後者、つまり、必ずしも年間を通していつも得られるわけではないものは、さらに、三つに分かれる。第一に、雨季、または乾季のどちらかに限って、その間は、長期間に渡って安定して得られるもの。この代表はいうまでもなくタケノコだが、乾季の「パック・カドーン」など、数種類の「パック」もこれに近い。第二は、雨季、乾季どちらかの季節中、得られるものの、不定期にしか出ないもの。キノコがこれに当たる。最後に、ごく短期間に集中して得られるもの。長くても一月、短ければ一週間を越えない。おたまじゃくしや赤アリの卵、「メーン・カップ」(maeng khap：タマムシ科 *Belionota prasina*)、野生の果物の多くはこれに当たる。

村人たちは、食物となる生き物の生態的特性について、日ごろの経験を通じて非常に多くの知識を会得している。だから、いろいろな出方をする自然の食物を取り逃すことはない。日々の食物は、そのような様々な特性を持つもののいくつかがその時々に入手可能である、そのなかから選ばれる。この選択肢は、当然、乾季よりも雨季の方が多様になる。雨季には、いつでも入手可能な食物としてタケノコがある。そのほかの食物は基本的に、単調な食事を打破し、「飽きないように」するためのものといってもよいほどである。一方、乾季には、タケノコの代わりになるような、質量ともに安定して得られる食物はなく、何も食べるものがないということは稀にせよ、不確かな状況に身を委ねなければならない。村人たちは、今、どんな食物が入手可能か（例えば、「キノコが出た」というような）、また、それを左右する天候についての情報に非常に敏感である。結果的には、乾季でも、雨季に比べ見劣りはする、ものの、何とか食物を確保し、それほど遜色ない食卓を実現している。彼らの好む、「時々の自然の状況に応じた生活」は、このような自然に関する深い知識と不断の自然条件への注意深い観察によって成り立っているのである。

5　自然とつながる暮らしの情景——食材採取の具体的な行動パターンから

採集・漁労・捕獲

採集・漁労・捕獲と狩猟では、行動の性質に若干違いがある。ここでは、まず、採集・漁労・捕獲について述べる。ここで言う、採集・漁労・捕獲とは、植物と魚や、カエルなど比較的簡単に捕まえられる小動物、昆虫の採取である。

まず、一例を示す。

六月一五日の午前中、サティアン氏の妻は、牛や水牛が苗代の苗を食べないように番をしつつ、水田の周りでタケノコを採った。しかし、彼女の期待に反して、水田周りに植えてあった「カティン」の実の他には、わずか二、三本のタケノコしか採れなかった。午後、彼女はもっと遠くの森までタケノコ採りに出かけた。夕食にタケノコの「ケーン」を作るには足りないと考えたからである。その結果、サッカーボール大の籠に、丁度、タケノコの「ケーン」を一回作れる程度、採ることが出来た。この時、帰り道に、菜園に寄って、タケノコの「ケーン」には欠かせない香味、「ホーム」である「ヤーナーン」の葉（yanang：ツヅラフジ科 *Tiliacora triandra*）を摘んで帰った。「ヤーナーン」は、野生のツル性植物なのだが、彼女は、サティアン家の菜園の周りに、これがたくさん自生していたことがあらかじめ頭にあったのだ。

この事例では、彼女が、きわめて具体的な目的を念頭において行動していたことがわかる。すなわち、その日の夕食にタケノコの「ケーン」を作ることである。彼女は、午前中からそのことを考えていた。だから、午後、わざわざもう一度、足らない分だけ採集にでかけたのだ。必要なのは一回分だけのタケノコだった。また反対に、それ以上は必要なかった。そして、タケノコだけでなく、「ヤーナーン」の葉のように、タケノコの「ケーン」に必要な他の材料も採集して揃える必要があった。

もっとも、想定される目的は、いつもこのように具体的なわけではない。

六月一九日、サティアン氏は村外に外出しており、サティアン氏の妻は朝から家にいた。丁度、昼食に食べるものがなかったので、彼女は、近くの池に行って、ムシや小魚を捕ってきた。帰宅した彼女の籠の中に入っていた獲物は次の通りである。

ヤゴ（maeng la ngam）：全体の半分以上
タイコウチ（ngot nam）：二、三匹
「プラーシウ」（pla siu：コイ科の魚）：（体長五、六センチメートルまでのもの）：二、三匹
「プラーカン」（pla kan：雷魚に似た魚）：一匹
おたまじゃくし（huak kop）：ヤゴの半分くらい

彼女は、獲物全てを一緒に「ケーン」にした。丁度、一度の食事に足りるだけの量だった（**写真5-11**）。何の「ケーン」か、と聞くと、しばらく考えた後、「ヤゴの「ケーン」（kaeng maeng la ngam）だ」と答えた。

このときには、彼女が最初の事例ほど、特定の料理の具体的なイメージを念頭に置いていたかどうかは判らない。彼女の想定した獲物はおたまじゃくしだったか、ヤゴだったか、あるいは魚だったのか。あるいは、池に行けば何かあるだろう、くらいの考えだったのかもしれない。

写真5-11　ヤゴなど雑多なものが混ざった6月19日のバケツの中身

彼女にとって、目標を具体的な何かに絞る必要はなかった。彼女は、とりあえず、昼食のおかずの材料が必要なだけだった。最初の事例よりはあいまいだが、彼女は、その時期、池で捕れそうなものをおおまかに想定して、池に行けば、最低限、昼食に必要な材料が何かとれるだろうと考えたである。

少し、話がそれるが、実際、タケノコ採りに行ったときでも、タケノコと共にキノコを一本だけ、とか、貝やカエルを一匹だけ、というように、道すがら見つけた食べられるものは何でも持ち帰る。調理するときにも、これらは、まぜこぜにされる。例えば、タケノコの「ケーン」に一本だけキノコが入っていることも珍しくない(15)。

漁労は釣りではなく、仕掛けで行う。「トン・プラー」（ton pla）と呼ばれる、簗のように小川を塞き止めて魚を捕る仕掛けは、一度作れば一年間は使え、毎朝、魚を捕りに行くだけでよい。「ベット」（baet）という、釣り針のついた糸を垂らした三〇センチメートルくらいの竹びごを池、小川、水田脇に差す方法もある。毎夕、差して歩き、翌朝、かかった魚を捕獲し、

同時に「ベット」を抜いて歩く。いずれの場合も、ばらつきはあるが、最低でもおかず一品分の漁獲は期待できる。大型の魚が一匹だけいれば、別においておくこともあるが、数種類の魚を混ぜて「ケーン」にしたり、貝やカエルが一匹だけ混ざった「ケーン」にすることに特に抵抗はない。つまり、かなり具体的に「獲物」を狙って出かける場合でも、実際の料理は、その結果如何に応じて、最低限の相性の範囲内で、柔軟に行われているのである。

もちろん、これ以外にも、これら「半端物」は、それだけで茹でるなり焼くなり簡単に調理して、いわゆる食卓に上る前に、おやつ代わりに食べてしまうこともある。こういうところに、採集が、食べるために行う、という本来の目的のほかに併せ持つ「遊び感覚」がある。この「遊び感覚」は次節で述べる狩猟でより顕著となる。

しかし、その上で、次の食事のおかずを確保することが最重要課題なのは間違いない。

狩猟

採集・漁労・捕獲が、毎回の食事のための食物を安定して確保することを主眼にしているのに対して、狩猟は不確実で、ギャンブル性が高い。どちらかというと女性によって行われることが多い採集と異なり、狩猟は男性が行う。これには、いくつかのタイプがある。イノシシやシカといった大型獣を狙う場合、大きなチームを編成して行く（後述の例では一四人）。獲物を村へ運ぶためである。しかし、普段は、二人から五人

くらいで一緒に行き、一晩、二晩、森で寝る。このほか、森に放牧してある家畜を探しに行く時にも鉄砲を持って行き、もし、何かに出会えば撃つ。その場合、ねらいはリスやムササビといった小動物や野鳥である。

どのタイプでも、現実に獲物を得る可能性は高くない。村の古老によれば、昔は、シカや象といった大型獣も含め、村の周りに野生動物がたくさんいたという。村人たちは、「(動物たちは) ラオス側へ逃げちゃったんだよ」という。彼らが大型獣をねらって狩りに行くのは、時折、ラオス側からメコン川) を渡ってタイ側へ来る獲物がいるからである。[16]「故郷のタイが恋しくなって戻ってくるのかな。でも、もう一度、ラオスに帰ることはできないんだよな。」

次に挙げるのは、成功した狩りの事例である。

六月一九日、一四人のグループがドンナータームの森へ丸一日がかりで狩りに行き、イノシシを一頭仕留めた。慣習通り、撃った一人が一頭の半分の肉を得、残りの半分を他のメンバーで分けた。メンバーの一人がサティアン氏の義弟だったため (四章で既に述べた)、彼に分配された肉のおすそ分けがサティアン家にも来た。その日、サティアン氏自身は留守だったが、翌日、筆者に言うには、このようなことは本当に希で、サティアン氏自身、もう二、三年、イノシシの肉を口にしていないとのことだった。

八月八日、サティアン氏の次男Kが友達とドンナータームへ狩りに行った。早朝出て、夕方に帰宅。Kの獲物は「ノック・ノイ」(nok noi) という野鳥が四羽。その日の内に「ラープ」と「トム」に料理され、食膳に上った。

しかし、もちろん、このような成功した事例より、失敗例の方が遥かに多い。

六月二一日サティアン氏の次男Kが友達二、三人とドンナータームに狩りに行った。しかし、獲物はなく、途中、捕まえた「イェー」（yae：トカゲの一種、アガマ科：*Leiolepis* spp.）三匹を持ち帰っただけだった。

このほかにも、鉄砲を持って森から帰ってくる村人に「何か捕れた？」と聞くと、大抵、「何にも捕れなかったよ」という答えが帰ってくる。単位労働当たりの獲物の量がどれ程か詳しいデータはない。しかし、狩猟は、長時間森を歩くという重労働に比べて、決して見合うだけの対価のある活動ではない。にもかかわらず、なぜ狩猟に行くのか。

理由の一つは、もちろん生きて行くためである。特に乾季には、自然から得られる食物は限られる。また、雨季の稲作のような仕事もなく、バンコクのような都市部への出稼ぎも好まない。結局のところ、基本的に暇な時間を使った活動で、単位労働当たりの対価の割合はさほど問題にならないのだ。

しかし、狩猟の獲物は日常の食物源として信頼できるものではない。獲物があるかどうか、また、仮に獲物があったとしても、いつ戻ってくるかわからないのだ。むしろ、狩猟はギャンブル的性格が強い。特に、大型獣をねらうときはそうである。サティアン氏が言ったように、いまでは、イノシシのような大型獣がとれることは極めて稀である。だから、反対に、仕留めたときには彼らは興奮し、ほとんどお祭り騒ぎになるのだ。さらには、サティアン氏の次男の事例に顕著に表れているが、狩猟には「遊び」の側面がある。彼は家にいたので、ある程度、家計への貢献は期待されていたかもしれない。しかし、普段は、雨季の間なら、むしろよりも確実な魚捕りに行くことの方が多い。こちらは一人で行く。狩りは気が向くときだけ、親しい友達と一緒に行くのである。

「雨が降ると、「ウーン」が食える」

乾季のあいだ、「ウーン」（ueng：ヒメアマガエル科）は普段、地中にいる。これを掘って捕まえるのは大変だ。しかし、乾季にもたまにある降雨の後は、地上へ出てきて岩や木に張付くので、簡単にたくさん捕まえられる。

写真 5-12　バケツ一杯にとれた「ウーン」

三月のある日、二人の村人と共に森を歩いていると、空が曇ってきた。村人の一人が言った。「もうじき雨が降るぞ。」「「ウーン」が食えるぞ。」その夜、実際にかなり強い雨が降った。雨が降り止むと、ほとんど全世帯の村人が手に手に灯りを持って森へ出ていった。翌朝、本当に大量の「ウーン」を食べる結果となった（**写真5-12**）。

村人は、乾季に雨雲を見ると、「ウーン」捕りのモードに入ってゆく。実際、「ウーン」捕りの過程はこの時点から始まる。

雲は時々の状況や脈絡に応じていろいろに認識されうるだろう。田を潤す、あるいは、残り少なくなった貯水タンクを充たす雨の前兆である。涼しく快適な時間の前兆でもありうる。そして、実際に雨が降り出すと、降り止んだ後に思いをめぐらせ、さて、では今夜あたり取りに行くかと計画を立てる。もちろん、そこでは、降雨の量を注意深く観察して、果たして「ウーン」が出てくるのかどうか判断している。

一九九八年の二月（上の例の前年）、短期滞在中、やはり、少量ながら雨が降ったことがあった。私は、「乾季でも、雨さえ降ればタケノコがでるのだよ」と教わった矢先だったこともあり、何人かの村人に「タケノコ出るかなあ」と聞いた。答えは、「いや、まだ足りない。もしもっと降ったら、タケノコとりに行く」というものだった。結局、その時はそれ以上、降らず、めずらしい乾季のタケノコは実現しなかった。

このような村人たちの自然についての豊富な知識は、日常の活動の中で会得されたり、年長者と共に森を歩く中で教わったりする。このような知識は、例えば教科書から得られる知識とは違う種類のものである。彼らは、知識を単に演繹的に当てはめている訳ではない。不断に自然環境の変化を観察し、先を読み、行動の計画を立て、最終的に読み通りであれば実行する。いわゆる「知識」という言葉のもつ静的なイメージではなく、むしろ、互いの駆け引きのなかでの「勘」のようなもの。それこそが人と自然の相互作用の核である。彼らの「勘」は駆け引きを繰り返すなかで磨かれてゆくのである。

自然とともに刻むサイクル

これまで述べてきた、自然から食物をとってくるために村人たちが行っていたいろいろな活動の特徴をまとめてみよう。採集は、行くという決断から、実際の採集を経て、料理して食べるまで、明瞭な一連の計画として行われる。漁労や捕獲は採集ほど明瞭ではないが、なお一定の成果を期待し計算できる。狩猟は、これに比べ、不確実な要素が多く、ギャンブル的な「遊び」としての性格が強い。村人は、これらをうまく組み合わせ、毎日の料理に必要な材料を確保し、さらに、食事の多様性を増したり「遊び」の要素も含ませたりすることで、豊かな生活文化を築いている。

ともあれ、自然から食物をとってくるのは、日々の食事という具体的な目的のためである。あまり、食物を保存することを好まないので、基本的には一度の料理に必要な量が目安となる。もちろん、狩猟や漁労の場合、まれに食べきれないほど捕れることもあるが、そういう場合には、近所におすそ分けをする。村人たちは、天候など自然環境の変化を読み取り、計画を立て、食物をとりに出かけ、収穫物を料理して食べる。一連の過程で、経験的な「勘」から、先を読み、収穫物を期待するが、その期待は過程が進むに連れて高まり、消費によって終わる（図5−6）。村人の日常生活はこのようなサイクルの繰り返しで進むのである。

6　自然から食物をとってくることで生まれる文化

さて、以上のような、自然から、あるいは、飼育・栽培によって（これも、肥料や配合飼料などを用いないので、自然が育んでいるといってもよい）、食物を得る。そうした全体を、そこで人と自然がどのような関わりをもっているのか、という観点からまとめてみた（図5−7）。

まず、村の食生活は、「自然から何が得られるか」に制約される。これまで見てきたゴンカム村の場合、その時々の食物の選択の幅の中から、村人が実際にどこからなにをとってきて食べるかを決定する要因は、(1)料理法や味覚の好み、(2)季節的変化やもっと微細な自然条件、生活スケジュール、(3)「次の食事」に必要なだけの食物を用意するという行動のありかた、である。これらは、別々の要素というより、相互に連関する、一連の人と自然の交渉である。単に、自然環境から得られる資源という制約への受動的な対応ではない。自然が与えるものをどのように採取・利用するか、選択肢は複数考え得る。その中から、上の(1)〜(3)のような一連の食物採取と利用のあり方を村人たちは選択しているのである。その核にあるのは「自然に従って生きる」ことへの志向である。これには、雨季と乾季の季節差が大きいにも関わらず、タケノコの保存を敢えてしない、というように、物質面から見れば不合理な部分もある。このような核となる志向と、その発

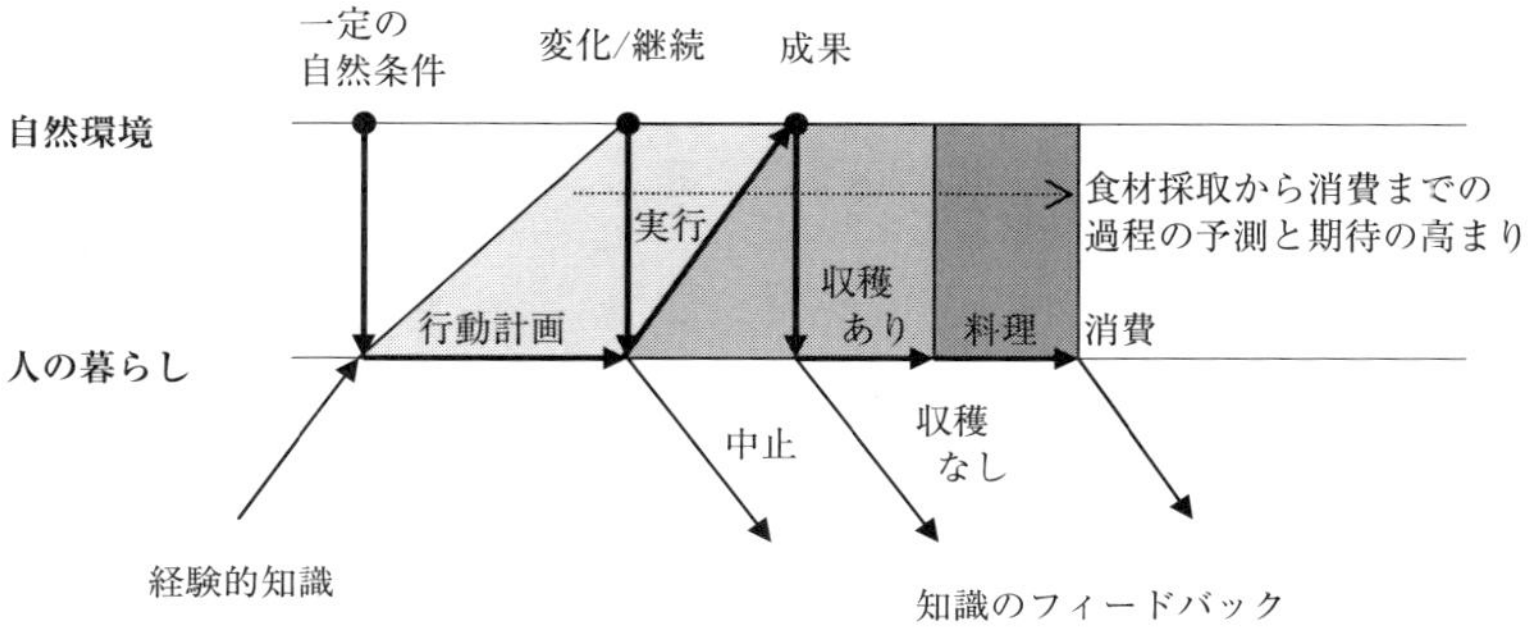

図 5-6　自然からの食材採取行動のサイクル

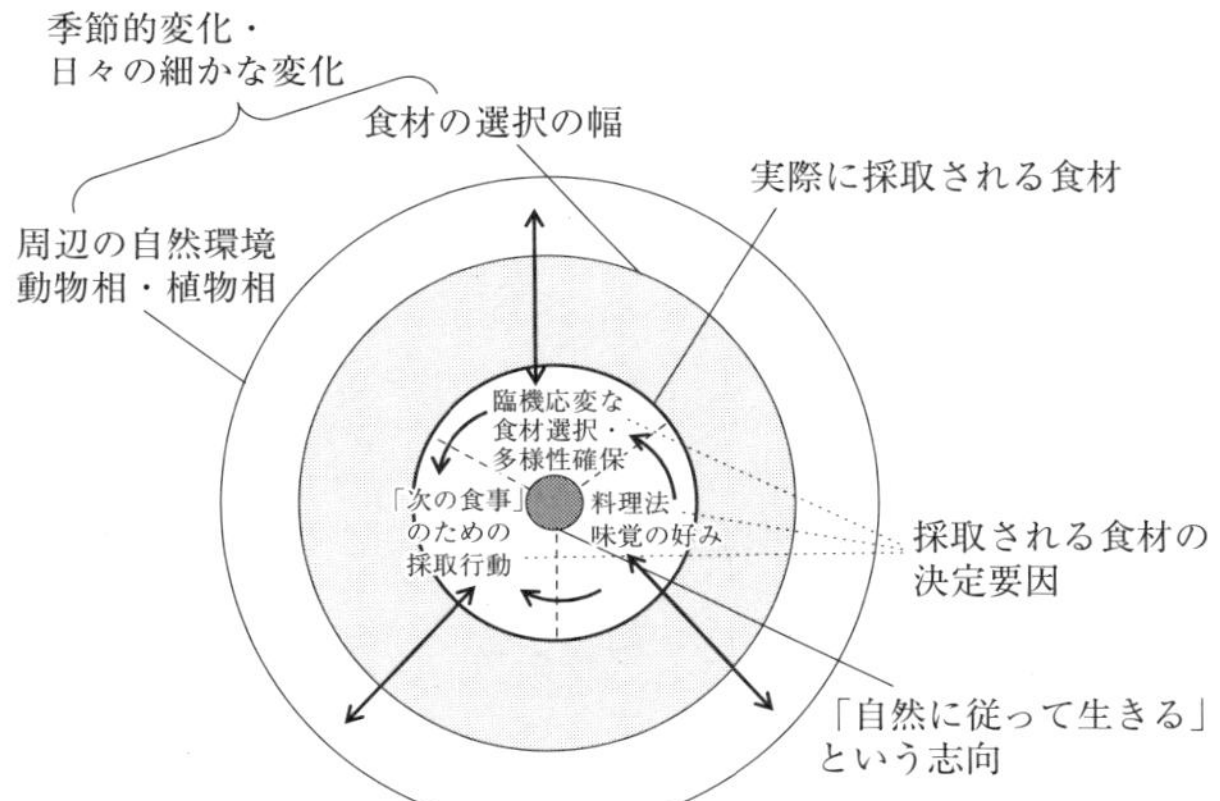

図 5-7　食材採取をめぐる人と自然の相関と文化：概念図

現である上の(1)～(3)のような料理法や行動のあり方は、人と自然の関わりの産物であり、それが両者の交渉を統御しているのである。

自然の制約の下で、村人は、より「よい」食生活を実現するべく努めている。村人が行うこの「よい」「わるい」の価値付けは、食物の味や薫りといった特性と表裏一体である。実際の生活世界というのは、そのようにして、より「よい」生活を求める人と自然の駆け引きによって、さまざまな知恵や志向が生み出される、文化が胎動し続ける場である。これは、物質的特性から離れた知的遊戯の道具として、付された意味同士の関係を考える象徴論や、逆に、唯物論的に、いかに効率的に栄養を得るかという視点では理解できない。

このような場は、地域の社会・経済関係や国立公園であることや、「生物多様性保全」という国家や国際社会の動きとも無関係ではない。ゴンカム村では、前章で述べたように、逆説的に、国立公園になったことでこのような「つながりの論理」が息づく暮らしの場が残った。国立公園事務所はじめ森林局が、現実的に対処した、つまり、村人の従前の暮らしについては基本的に黙認したことは、その最大の要因だった。一見、「区切る論理」の世界の話に見える「国家」や「民族」単位で語られる文化は、実は「つながりの論理」の世界、森でタケノコを採る、というような微細な日常の積み重ねに拠る。そこでは、人だけでなく、自然環境や、様々なモノとの協同で文化が形成されるのである。

第六章

「つながりの論理」が生まれる瞬間

——文化形成のインターフェースとしての自然環境の認識

国立公園のなかで、村人たちは森や自然をうまく利用しながら生活する。前章では、もっとも日常的な生活のシーンである食物の採取が、さまざまに変化する自然と、そのなかでより「良い」生活を求める人間との駆け引きの様子を見た。人と自然の関係を統御するような人々の知恵や価値観といった文化は、まさにそこに息づいていた。

そのいちばんの根っこにあるのが、自然をはじめとする環境をどのように認識し、分類するか、ということである。村人と森を歩いていると、同じものを見ているのに、違う捉えかたをしていると感じることがある。村の周りには岩盤むき出しの場所がある。昔、水田にして失敗したのかと思うと、これは自然の地形だという。彼らが「ドーン・ディップ」(原生林)と呼ぶ森に足を踏み入れると、なるほどこんもりした立派な森だ。しかし、下が岩盤で土壌が薄いせいか、傾斜地が多いせいか、いわゆる熱帯雨林のイメージからするといささか貧弱だ。同じ程度にこんもり茂った森は村近くにもある。しかし、そこはすべて二次林で、「かなり茂ってきたけど、まだ「ドーン・ディップ」じゃないよ」という。「この森はどういう森なの?」と漠然と聞いてみると、「ここは「バ」(開けた森)だな」とか、「「バ・コック・サート」(サートの木が多いバ)だよ」と、植生について教えてくれることもあれば、同じような答えを期待していると、ここはだれそれさんのものだ、と所有者を教えてくれることもある。

彼らには、私たちとは異なる、独自の、認識する視点、分類する論理がある。それも複数の論理を、文脈に応じて使い分けている。それは、「生活する者」として考えれば実はごく当たり前だ、というものもあるが、「科学的」に物事を分析する態度とは異質なことが多い。だからといって非論理的だ、というのではなく、それはそれでまた別の論理性を持っている。「つながりの論理」とは、まさにこうした日常的な自然とのかかわりによって生み出される認識や分類の論理である。これが「区切る論理」とはまったく交錯することなく息づいているのが彼らの生活空間なのである。

1　森を分類する

分類体系と個人の視点

村人は、日常の様々な活動のなかで、森林や他の自然環境を一定の分類法に従って把握している。その分類がどのように作られたのかという過程を実証的に明らかにすることは難しいが、おそらくは、やはりそうした日常生活のなかでの経験の蓄積によるのだろう。

村人の分類の基準はいくつかあるが、地形や植生の特徴だけでなく、土地の所有のような社会的なものも含む。それぞれの基準による分類法は、論理的には起こり得るが、村の日常の文脈で現実にはまずありえないような事柄については、それが入るべきカテゴリーがないこともある。

しかし、村人は、日常生活で様々な森林や自然環境を呼び分ける時、その背後にある分類法を必ずしも意識しているわけではない。実際、例えば、占有されたが、まだ開墾されてない森をどう呼ぶか、というような、具体的な文脈から離れた事象をどう呼ぶか問うと、村人たちは返答に窮することが多い。具体的な地名を出して、その森は、だれが占有しているのか、将来的には開墾して水田にするのか、そういう森のことをどう呼ぶのか、という話題でなくてはならない。

ここでは、村人の森林や自然環境の分類を論理的に整理する。個々の呼称と定義は村人から具体的な文脈で聞き取ったものを集めて、それを基に私がその背後にある分類体系として論理的に整理したもので、必ずしも、村人が実際に感じているわけではない。

地形の呼称全般

全般的な地形の呼称は次の通りである。

山は「プー」(phu)、山頂は「ラン・プー」(lang phu) と呼ぶ。「ラン・プー」とは字義通りには「山の屋根」と言う意味である。呼称の通り、村の周辺は岩山が多く、斜面は急峻で山頂は平らな岩盤である。断崖絶壁は「パー」(pha) と呼ぶ。「パーテム (Pha Taem) 国立公園」の名にあるように、この地域に特徴的な地形である。

小川は「ファイ・ナーム」(huai nam)、もしくは単に「ファイ」(huai)、幹となる太いものは「ラム・ファイ」(lam huai) と呼ばれる。自然の池・沼は「ノーン」(nong)、人工の池は「サ」(sa) である。「メーナーム」(mae nam) は川の一般的呼称だが、村では、ほとんどの場合、メコン川を指す。

丘や相対的高地は「ドーン」(don)、「ティー・ドーン」(thi don)、「ティー・コーク」(thi khok) などと呼ばれる。反対に低地は「ティー・ルム」(thi lum) である。この高地、低地の区別は、水気の多さと連関する。例えば「ティー・ルム」は「水気の多い土地」という意味でもある。平らな土地は「ティー・ラープ」と呼ばれる。「ティー・ルム」で、かつ「ティー・ラープ」(つまり平らな低地) である土地は水田に向くとされる。

森林は「パー」(pa) と呼ばれる (「断崖絶壁」の「パー」とは発音が違う)。村の周囲はほとんど森なので、この語の範疇は広い。

植生による森の分類

水田や集落も一種の植生であり、放棄されれば森林に戻る。逆に、自然林と呼ばれる森にも人為の影響はある。「自然環境」と「人為環境」の区別は実際には困難である。しかし、村人達は、集落や耕作地以外の森は人為による影響の程度に関わらず「自然」と見做す。「パー」(pa：森)は(pa thamasat：自然の森)と同義である。

「パー・タマサート」は、樹木の密度に応じて、「ドーン・ディップ」(dong dip)、「ドーン」(dong)、「バ」(ba)の三つに分かれる。

原生林、あるいは最も樹木が密な森が「ドーン・ディップ」と呼ばれ、字義通りには、ナマの森、という意味である。樹木の密度は最も高く、生態的にも最も多様である。植生区分としては、乾燥フタバガキ林が主となる。確認はしていないが、乾燥常緑林、混交落葉林も含みうる。

村人は、村が開かれる以前は、村周辺の森はほとんどが「ドーン・ディップ」だったと言う。しかし、人が住み始め、水田が開かれるにつれ減少し、現在では、村の南側に広がるドンナータームの森周辺だけしかない。ここは一応、「ナマの森」ということになっているが、実は人為の撹乱は皆無ではない。ドンナータームの森は一番の狩り場である。牛や水牛も多く放牧されている。しかし、依然、樹木の密度は高く、植生は多様である(**写真6–1**)。

これに対し、「バ」(ba)は、樹木がまばらな森林を指す。この語は、耕作放棄された二次林にも、土壌や岩盤が原因でまばらにしか樹木が生えない森にも用いられる。つまり、自然条件か人為によるのかには関わらない(**写真6–2**、**写真6–3**)。「バ」は地面の種類により、岩がちな地盤の「バ・ヒン」(ba hin：「ヒン」は

写真 6–1 「ドーン・ディップ」：ドンナタムの森

石の意)、土壌に覆われている「バ・ディン」(ba din：「ディン」は土)に分かれる。山の頂上は「バ・ヒン」であることが多い。この他、「バ」は卓越する樹木の種類でも分けられる。人為でなく、自然条件による「バ」では特定の樹種が卓越することが多い。すると、その樹種名をとって、例えば「バ・コック・サート」(ba kok sat：サートの木 *Dipterocarpus obutusifolius* の「バ」)、「バ・コック・デーン」(ba kok daeng：デーンの木 *Xylia xylocarpa* の「バ」)などと呼ばれることもある(**表6–1**)。

「バ」は、植生区分としては、自然状態でのものなら乾燥フタバガキ林とサバンナ、人為によるものなら、もとはもっと密生していた乾燥常緑林や混交落葉林が「バ」になった、というようなものも含まれうる。

「バ」は森林としてみれば貧弱だが、村人が林産物を採取する場所としては、「ドーン・ディップ」より重要である。キノコは「バ」で最も豊富に採れる。この他、「バ」だけで見られる植物には有用なものが多い。細いタケの一種である「ヤー・チョット」(ya chot：*Arundinaria suberecta*)はタケノコを食べたり、材を用いて道具を作る。「ヤー・

写真 6-2　典型的な「バ」

写真 6-3　これくらい樹木が茂っていてもまだ「バ」に分類される

表 6-1　卓越する樹木の名で呼ばれるバの例

baの名称	卓越する樹種	
ba kok chat	chat	(*Dipterocarpus obtusifolius*)
ba kok chik	chik	(*Barringtonia* sp.)
ba kok hang	hang	(*Shorea siamensis*)
ba kok paek	siao	(*pine trees*)
ba kok du	padu	(*Pterocarpus macrocarpus*)
ba kok daeng	daeng	(*Xylia xylocarpa*)

ユー」(ya yu：イネ科)はホウキの材料に、また、「ヤーン・デーン」(yang daeng：*Melastoma villosum*)、「ヤーン・ダム」(yang dam：学名不明、yang daengに類似の低木)、「シアオ・パー」(siao pa：学名不明、針葉の潅木)は薬用になる。

また、「ドーン・ディップ」は多様性に富む反面、個々の樹種はまばらにしか生えておらず、特定の樹種を利用するには不便である。例えば、良質の木材であるデーンの木を切り出すには、「バ・コック・デーン」へ行くのが手っ取り早い。デーンの木が固まって生えているからである。なにも深い「ドーン・ディップ」を歩き回る必要はない。

「ドーン」はこの両者、「ドーン・ディップ」と「バ」、の中間である。これにも、自然状態のものと人為によるものの両方がある。「ドーン」も一応、樹冠の閉じた林だが、「ドーン・ディップ」ほど樹木は密でなく、多様でもない。耕作放棄された二次林や他の目的で火入れされたものもある(**写真6-4**)。例えば、村人たちは、タケの幹の途中から新芽を出させたり、翌年のタケノコの味をよくするために森の下草を焼く。焼かれた森に出るタケノコは「ノマーイ・ファイ」(no mai fai：火のタケノコ)と呼ばれ、より美味だという。狩猟のとき、野獣を追いつめたり、村人が物音を立てずに獲物に近づくために下草を焼くこともある。近年では、若者が遊び半分で手当たり次第に放火する、と年長者が嘆くように、気ままな放火が増えているのも事実である。植生区分では、「ドーン・ディップ」に準じ、乾燥フタバガキ林ほか、乾燥常緑

写真6-4　ここまでくると「ドーン」になる（これは休閑二次林）

林、混交落葉林も含みうる。

歴史的に見ると、村の周りでは「バ」の面積が増えているようである。古老は、水田の拡張や建材の切り出しが原因ではないかという。森の放火も「バ」が増える大きな原因である。村の周辺から「ドーン・ディップ」が消えたのは、ずっと昔かもしれないが、「ドーン」から「バ」への移行は現在でも少しずつ進んでいる。

「ドーン・ディップ」、「ドーン」、「バ」の分類のほか、下草の深さによる「パー・ホック」(pa hok)、「パー・ペーン」(pa paen) という分類がある。「パー・ホック」とは、下草が密で、歩きにくい森を指し、「パー・ペーン」はその逆である。「ドーン・ディップ」は例外なく「パー・ホック」である。「ドーン」と「バ」は「パー・ホック」、「パー・ペーン」の両方を含むが、二つの分類が交差するそれぞれを区別する呼称はない。

利用・所有形態による森の分類

村人が森を分類するのには、植生による分類法とは別に、そこは誰の土地かという所有・占有、あるいは、その土地はどのように利用されているか、されていたか、という利用による分類法がある。

「ドーン・ディップ」は土地利用による分類法でもカテゴリーのひとつとなる。村人は、例えば「ドンナータームの森はまだ「ドーン・ディップ」だ」とか「村ができる前はこの辺りは「ドーン・ディップ」だった」というように、大まかに、耕作されたことがない森を「ドーン・ディップ」と呼ぶことがある。しかし、実際には、ドンナータームの森のなかには、前の植生による分類でいう「ドーン」や「バ」のところもある。あるいは、村人は、「ドーン・ディップ」とは「一度も、燃やされたことがない森」のことだと説明することもある。この「燃やす」というのには、耕作のために全ての植生を焼く場合も下草だけを焼く場合も含まれる。これも、実際には、一度も燃えたことがなくても、土壌やその他の自然条件により樹木の密度が低いと、やはり「ドーン」や「バ」となり、すべてが「ドーン・ディップ」ということにはならない。端的に言えば、村人は、植生による分類とは別に、「ドーン・ディップ」について最も人為の撹乱が少ない森という曖昧なイメージを抱いている。つまり、このような土地利用を基準にした分類での「ドーン・ディップ」は、植生を基準にした分類でいう「ドーン・ディップ」より広いということになる。

森林は占有、開墾されて水田（na）や畑（hai）になる。新しく水田を開く時には、開墾一年目は畑にして陸稲を植え、切り株を除去し、畦を整え、二年目から水田にする。

昔は、適当な耕作放棄と新規開墾により、輪転的に耕作していたというが、国立公園に指定されてからは、たとえかつて耕作放棄された二次林であっても、開墾はほとんど不可能となった。その結果、村の周囲には耕作放棄された二次林が広範に残っている。このような森を「ラオ」（lao）と呼ぶ。村人は、長い間放っておけば「ラオ」は「ドーン・ディップ」に戻るというが、実際に、ここがそうだ、という場所はない。

「パー・フア・ナー」(pa hua na：字義通りには「水田の頭の森」)はそれぞれの村人が占有してある森を意味する。これは、土地利用による植生への影響、あるいはその過程での移行の段階に着目した「ラオ」や「ドーン・ディップ」と違い、土地を巡る社会関係である。「ラオ」以外にも、村周辺の耕作可能な森林は、ほぼ全て、すでにだれかに占有されているが、「ドーン・ディップ」にはまだ村人の占有は及んでないという。このような占有権には法的根拠はなく、あくまで地域住民の間の慣習的なものである。境界の目印などもまったくつけられていないないが、村人は、相互に森の占有者を認知している。この、耕作地としての森林の占有は、原則的に、あくまで耕作に関わるもので、ほかの村人がそこで狩猟や採集を行うことを妨げることはできない。例外的に、その占有地の中を流れる小川に、魚捕りのための仕掛けをつくるときには、占有者に優先権があるという。この種の仕掛けは、竹を用いるので、朽ちてしまい、毎年、作りかえなければならない。だから、占有者以外の者が仕掛けを作ろうという場合には、占有者がその年にその場所で作らないことを確認しなければならない。

このほか、村の開祖を祭る鎮守の森、「ドーン・タープー」(dong ta pu)も、広い意味で利用に含めていいだろう。「ドーン・タープー」のなかでは木を切ることが禁じられる。小さな祠が建てられ、年に二度、水田の準備を始める前と、収穫後、刈り取った稲を屋敷の米蔵に入れる前に祭礼が行われる。村人は今でも開祖を崇めており、「ドーン・タープー」を廃するような動きは一切ない。

二つの基準の相関関係

このような二つの森の分類法、つまり、植生の状態を基準にしたものと、土地の所有・占有や利用を基準にしたものの両方において、「ドーン・ディップ」はそのカテゴリーの一つとなっていた。しかし、指し示す意味は両者で微妙に異なる。植生を基準にした分類では、「ドーン・ディップ」は「ドーン」や「バ」との比較で、最も多様で良好な状態の森を意味した。一方、土地利用を基準にした分類では、「ドーン・ディップ」は大まかに人為の撹乱が最小の原生林を指し、植生の基準での「ドーン」や「バ」も含みうる。植生の基準である、「ドーン・ディップ」、「ドーン」、「バ」には、各々、人為によるものだけでなく、自然状態でのものがある（図6-1）。自然状態での「ドーン・ディップ」、「ドーン」、「バ」は、それぞれ、開墾されたり、火をつけられたりといった人為による撹乱や、反対に、その後、放置されて植生が回復することにより相互に移行する（図6-2）。この植生を基準にした分類では、「ドーン・ディップ」、「ドーン」、「バ」を区別する境界はさほど明確ではない。

ただ、私が観察した限りだが、植生の特徴から以下のような大まかな目安は示すことができる。すでに書いたように、イネ科の「ヤー・チョット」、「ヤー・ユー」や、「ヤーン・デーン」、「ヤーン・ダム」、「シアオ・パー」という潅木は、「バ」に特徴的な植物である。これらは、いろいろなタイプの「バ」には共通してみられるが、「ドーン」や「ドーン・ディップ」にはない。また、「ドーン」は林冠が閉じ、林内に蔓植物が多いことが「バ」との違いである。「ドーン・ディップ」ではこの林冠の密度がさらに高くなる。「ドーン・ディップ」は基本的にほとんど原生林だと思われるが、熱帯多雨林と違い、低木や落ち生えも高密で歩きにくい。

しかし、繰り返すが、村人の間にこの三つを分ける明確な基準があるわけではない。いかなる社会的な関係にも無縁なので、差し迫って、この三者を明確に定義づける必要もない。さらに、自然環境は徐々に変化する。村人は、自然環境が自身の分類よりずっと複雑で範疇に収まらないことを知っている。

一方、土地利用・所有を基準にした分類を整理すると図6-3のようになる。「パー・フア・ナー」は「ラ

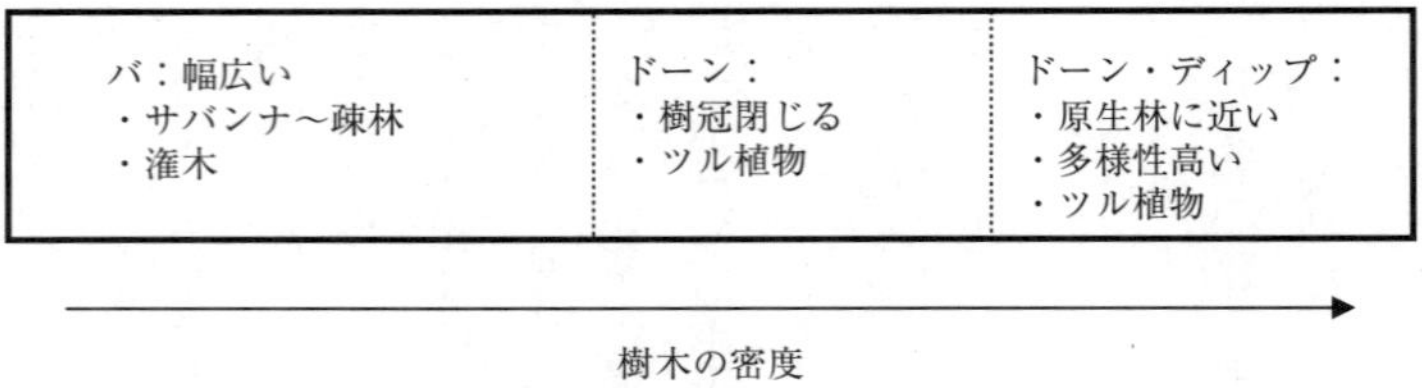

図 6-1　自然状態でのドーン・ディップ，ドーン，バ

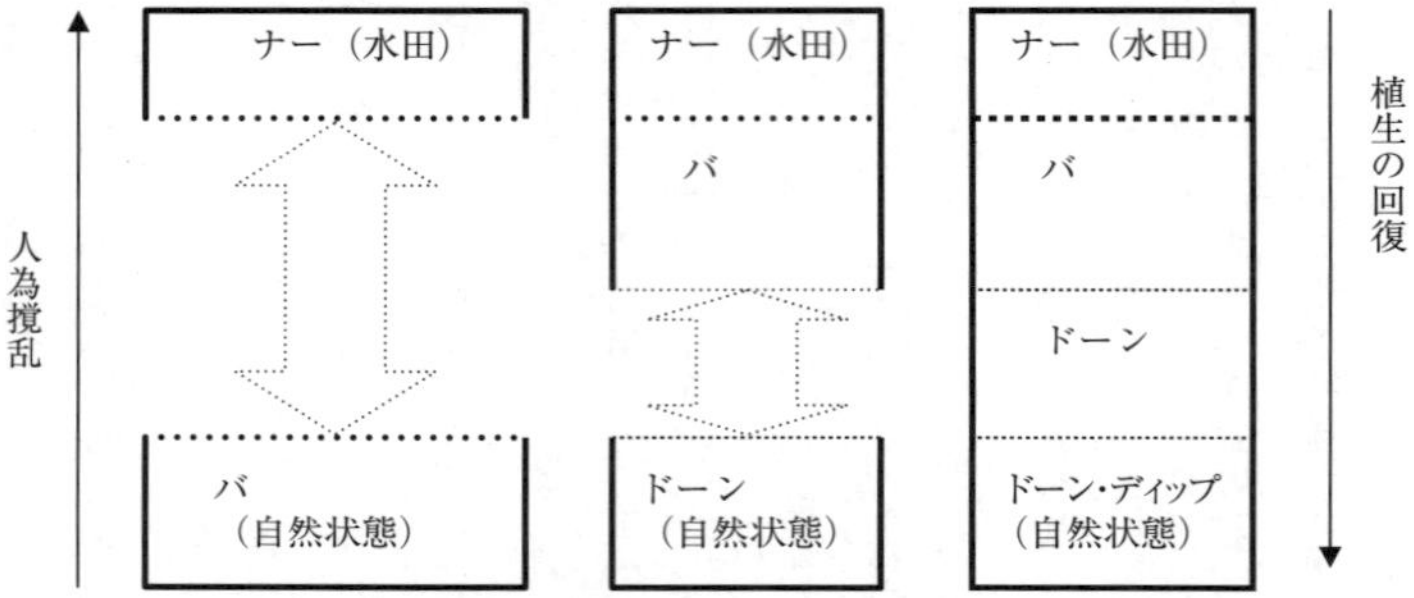

図 6-2　人為撹乱によるドーン・ディップ，ドーン，バの移行

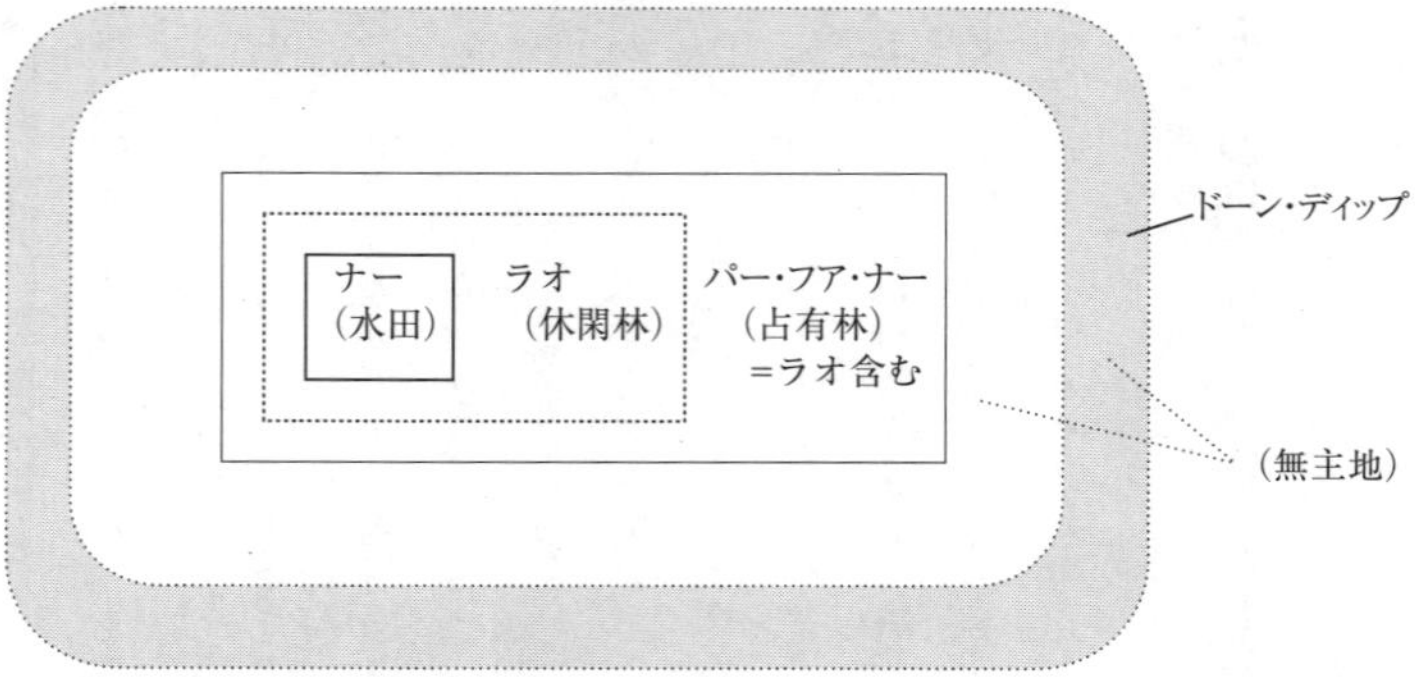

図 6-3　土地利用・所有による分類

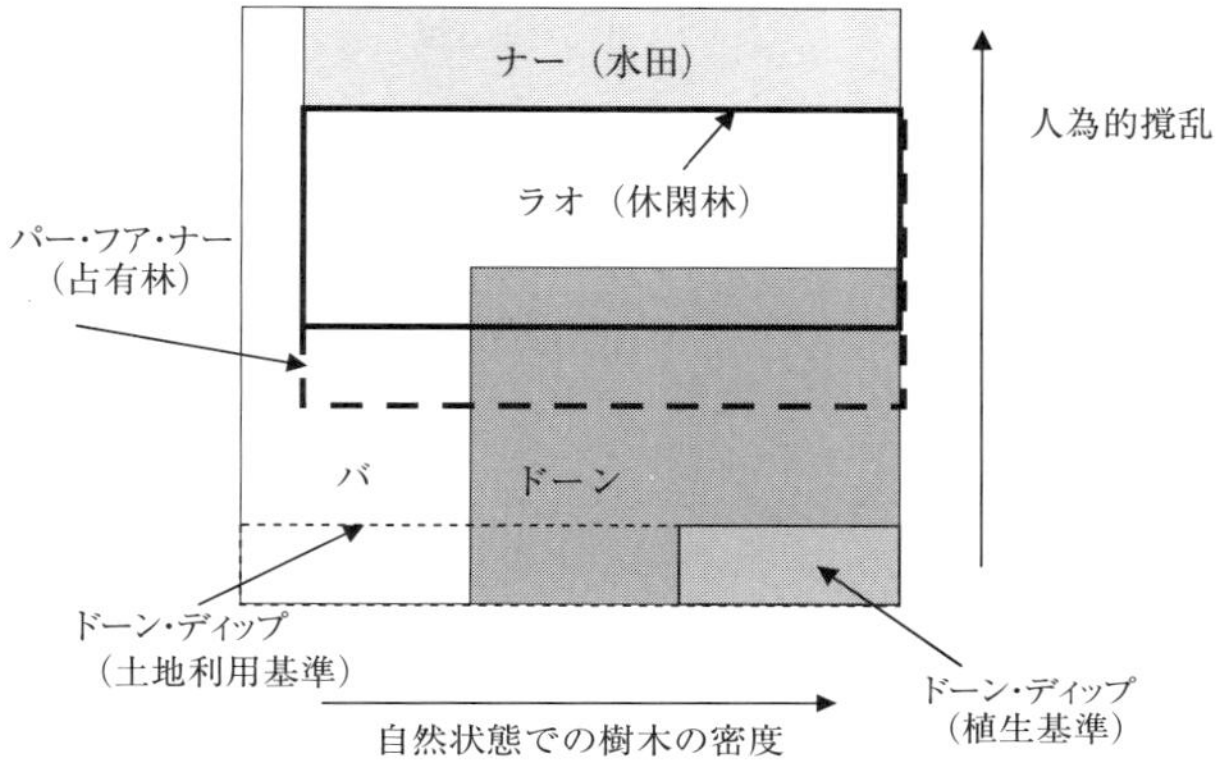

図6-4　森林の分類システム概念図

オ」の全てと、耕作されたことのない森林も含む。「ドーン・ディップ」は漠然と、遠くにある原生林のイメージである。「ラオ」と「パー・フア・ナー」の空間的な境界は明確である。特に、「パー・フア・ナー」の境界と占有者は、過去の占有や相続の事実によって厳密に認識されている。「ラオ」も、過去、誰が耕作していたかという情報までを含むので、「パー・フア・ナー」と密接に関連しあっており、境界は明確に認識されている。この点、「ドーン・ディップ」は、土地利用の基準による分類では例外的に境界はあいまいである。現行の土地利用や所有とは関係のない空き地だからだろう。

この、植生の基準と土地利用・所有の基準による分類をまとめたのが**図6-4**である。しかし、実際の村人が日々、行動し、そのなかで森林を認識する場面で、村人の頭のなかでは——実際に分類の論理や基準を意識する、しないというだけでなく、その背後にある論理の上でも——この二つの基準は図に示したように統合されているわけではない。二つの基準は、もとになる論理が大きく違うのである。

アトラン［Atlan 1990］は、普段、人は、生物の種類について、特定の外見上の特徴をその本質的な性質とみなしている、という。例えば、ネコとイヌを区別するなら、典型的なネコの像を想いえがき、そこからどれだけ離れているか、つまり、「ネコらしさ」がどれだけあるかを基準に判断をし、ぎりぎりのところでは、ネコというより、むしろ、例えば、イヌだろうか、という思考をする。反対側の極には、同じように典型的なイヌの像があるわけだ。彼は、動植物の種の区別に限定して議論しているが、同じ枠組みは、上で示したような植生を基準にした森林の分類にも当てはまることができるだろう。生物の本質的性質、典型像と同様に、植生を基準にしたに森林の分類でも、カテゴリーごとに特定の核となるイメージ、典型像がある。例えば、「バ」の場合、典型は、**写真6-2**のようなほとんど樹木がないサバンナである。一緒に森を歩きながら、村人が最初に、これが「バ」だ、と教えてくれたのがそういう植生だった。後日、通り過がりの、もっと樹木が密な森も「バ」であることが判った。その後、いろいろな場所で、村人に、ここは「バ」か、と聞いてみた。即座に「そうだ」と答えたり、少し考えてから「そうだ」、あるいは「違う、これはもう「ドーン」になっている」と答えたりする。典型から離れるに従い、「バ」らしさが薄らいで行く。だから、隣のカテゴリー(この場合は「ドーン」)との境界はあいまいである。植生を基準にした分類であるのに、各カテゴリーは、その中に、まさにその植生が多様なまま残されている、つまり、その意味するものに一定の幅を残している。対照的に、土地の権利に関わる「パー・フアア・ナー」の場合は、明確な定義と境界を持ち、実態として、土地の権利と関係ない自然環境の多様性は無視される。当然、明確に定義され区切られる意味に幅などない。

2　森の認識の二重性――「つながりの論理」と「区切る論理」

村人の眼差し

ここでは、大きく共有されている分類体系――しかし、それは日常、意識されるわけでは必ずしもないが――とは別に、ひとりひとりの村人の森に対する眼差しについて考える。一人の人間のあらゆる状況での認識全てを正確に把握することは不可能だが、行動をつぶさに分析することである程度の特徴をつかむことはできよう。

地図に描かれた矢印――自然への眼差し

ある日、村の周囲の様子を知りたいと思い、ある村人（サティアン氏）に村の周りの地図を描いてくれるよう頼んだ（図6－5）。彼はＡ４サイズの紙の四辺に方角を書き入れ、真ん中に集落を示す小さな丸を描いた。彼は次に何を描けばよいか判らないというので、私は山と水田の位置を尋ねた。彼は東西南北それぞれの方角に四つの山を描いた。東のプー・ルアン（Phu Luang）、西のプー・チョ・ポン（Phu Cho Pong）、南のプー・チョ・ゴ（Phu Cho Ngo）、北のプー・サネーン（Phu Sanaen）である。

次に、彼は集落から四つの山へ矢印を描いた。水田を示す小さな四角を描き、それにも同じように、集落からまっすぐに矢印を描いた。

さらに私は、森林の種類などを尋ねた。彼は、「集落や水田の周りの森はすべて「パー・フア・ナー」だ

（つまり、占有されている）」と言った。すると、占有されている区域を囲った（図6–5の破線部）。

この、彼の描いた地図から、彼が村の周辺環境をどのように認識しているかをうかがい知ることができる。

第一に、集落からまっすぐに山と水田に引かれた矢印である。これは、彼が、まさに矢印を描くように、山や水田へ向かって進んでいく、そういう線的で動的な視点で捉えているからではないかと考えられる。さらに、実際には、村の周囲はぐるっと全て山に囲まれているのだが、彼はちょうど東西南北の方角にある四つの山しか描かなかった。これも、彼が環境を線的に捉えている証左ではないか。つまり、彼は、まず、地図には方角が必要だと考えた。そこで、「東」「西」「南」「北」と書き込んだ。その書き入れた四つの方角に目線を向けてみたところ、まさにその方向にある山に思い至ったのでそれを書いた。もし、われわれがそうするように、上から大地を見下ろすような目線で地図を書いたなら、「山はどこ？」と聞かれれば、集落の周りはみんな山だとぐるっと囲んだだろう。

このような、線的で動的な認識、上から見た図を想像するのではなくまさに彼がいるところでの目線で捉える、その基礎にあるのは、水田へ農作業に赴く、家畜を追う、狩猟・採集、といった日常生活での具体的な森歩き、つまり、彼自身と環境との結びつきだと考えるのが妥当だろう。

このような、実際にいるところからの目線で、ここから進んでゆく、というような線的な環境の認識をしているのはサティアン氏だけに限ったことではない。ほか村人たちと一緒のときにも、そういう場面に出くわす。例えば、森を歩く道すがら見える山の名前を教えてくれる。村までの道順も熟知している。しかし、山を越えて行った先の、村が見えない場所で、直線的に村はどっちの方角にあるのかを尋ねても彼らは正確に答えられない。ほかにも、地図（政府が発行する類の地図）を示してある場所の位置を尋ねると、村人たち

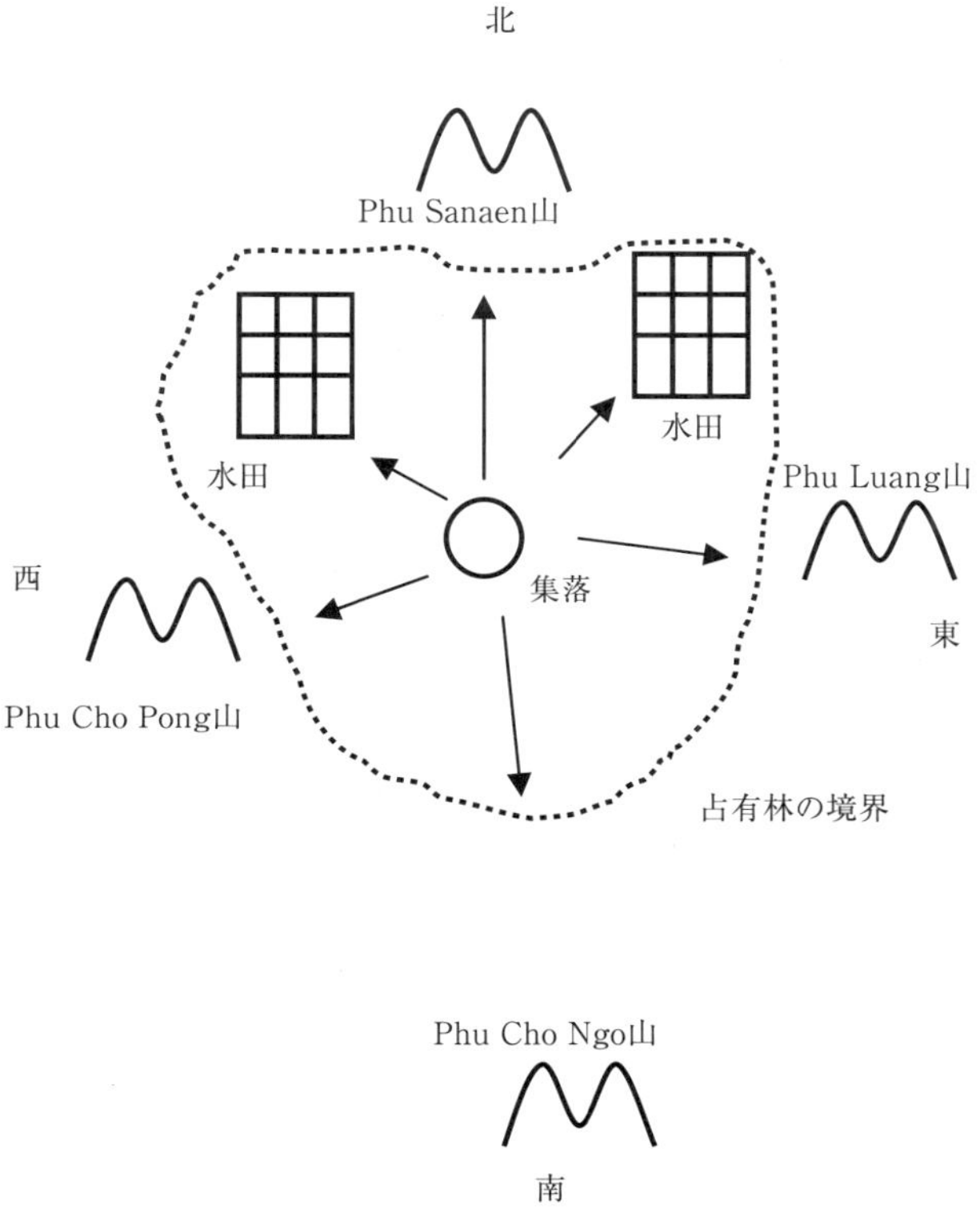

図 6-5　サティアンさんの地図

サティアンさんが描いた地図になるべく忠実に，最低限のリバイス，翻訳をした．

は、まず、地図を実際の方角通りに置いてから答えるか、全く答えられないかのいずれかである。これも、実際の方角通りに重ね合わせて、その地図上での「現在地」から進んでゆく方角を思い描く、あるいは、それすらもままならないということだろう。

一方、同じくサティアン氏が地図を描いたなかでも、彼が最初に方角を入れたり、「パー・フア・ナー」の範囲を囲ったりしたのは、このような線的認識とは全く違う、二次元的、鳥瞰的な認識だといえる。最初に方角を入れたのは、およそ地図というものはどういうものか、知識として頭にあったということだろう。もちろん、その後の推移を見る限り、そのとき頭に浮んだ地図のイメージは不完全なものでしかなかった。もう一つの、「パー・フア・ナー」の範囲を囲った、というのは、さらに異質で、日常の森歩きの視点ではない、土地所有という村人の間の社会関係によるものである。成り行きで村人の土地の占有が話題になったところで、サティアン氏がこのような視点の切り替えをしたのである。

「普通」の地図——社会への眼差し

サティアン氏の地図に現れたような、実際にそこに向かって進んでいくような目線での、線的で動的な認識とは別に、文脈が土地所有や境界に関わるときは、村人も鳥瞰的に環境を認識する。サティアン氏も、最後に、話題が村人の二次林の占有に及んで視点を転換させたが、あらかじめ、話題は土地所有や境界であるという文脈の設定がされているときには、村人は、最初から鳥瞰的な認識をもって臨む。

図6-6に示した村周辺の地図は、ＮＧＯスタッフとの会合で村人が描いたものをもとに、後で聞き取りによる情報を補足して作成したものである。そのときの会合では、森林局に、村の周辺の土地を国立公園から除外してもらうよう嘆願しようということが議論の中心となり、その範囲について相談し地図を描いたの

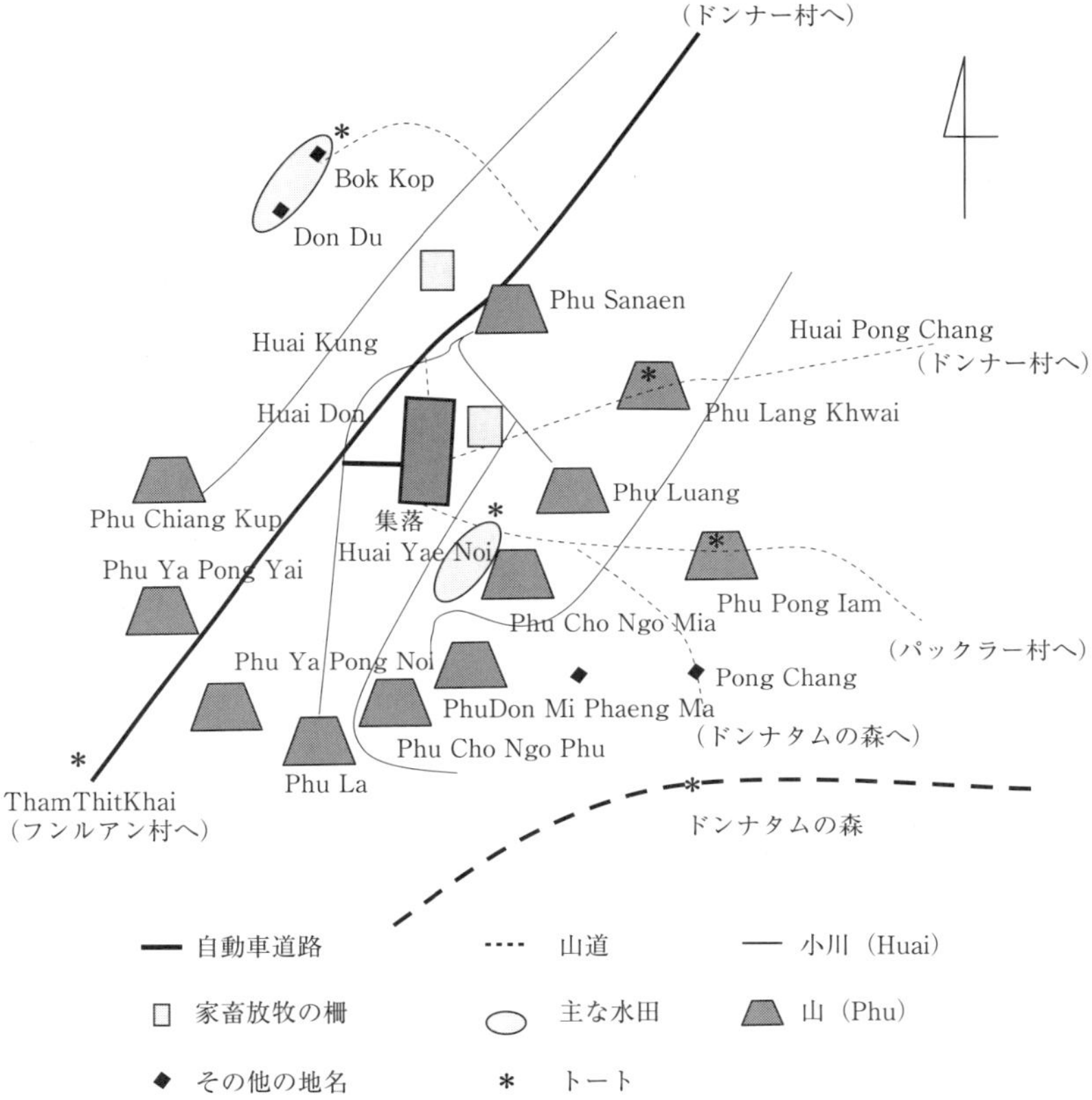

図 6-6　ゴンカム村周辺図

NGO と村人の会合での地図を基に作成.

である。地図は、NGOスタッフが傍らで見守ってはいたが、基本的に村人たちが話し合いながら描いたものである。この地図には矢印などなく、村の周囲の全ての山、小川、その他の地名がほぼ正確に描かれていた。そして、除外の嘆願に含めるべき区域をぐるっと線で囲ったのである。

この二つの地図の違いをどう考えればいいのだろうか。NGOとの会合には、村長や助役も参加していた。一方、サティアン氏は区議会議員である。両者とも、役所初め外部社会との接触の機会は多く、いわゆる近代的な地図もよく知っている。だから、二種類の地図の違いの原因は教育や近代化の度合いの差ではない。NGOスタッフの多少の手助けを別にすれば、両者の違いは描かれた状況・文脈にある。

図6-6の地図は、国立公園からの除外の範囲を決めるという、はっきりした目的で描かれた。だから、村人は自ずと土地の境界を決めるという文脈を念頭におき、初めから二次元的な視点で臨んだ。反対に、サティアン氏の地図は、筆者が「村の周辺の様子を知りたい」という、あいまいな目的しか示されなかった。まだ、二次元的な視点に切り替える必然性がなかった。しかし、話題が森の占有に及ぶと、文脈に応じて視点を切り替え、「パー・フア・ナー」の範囲を囲ったのである。

このように、村人の周囲の環境の認識の仕方には、日常生活での実際の森歩きに基づく線的で方向性を持つものと、二次元的鳥瞰的なものの二種類がある。この二種類の認識の仕方の重要な違いに、連続性と断絶がある。二次元的な視点で境界を確定させるというのは、村の中や、村と外部社会との社会的な関係によって土地を区切るのが目的で、森や自然環境は社会の外側に隔離される。これに対して、ある地点と他の場所とを矢印や線で結ぶという認識のあり方は、実際の森歩きの過ぎ行く景色を見るように、対象となる森、山、川、水田といったものをひとつながりの、さらに自分ともつながっているものとして捉えようとするのである。

「トート」――自然に刻み込む年輪

今日、村では距離の単位としては、われわれと同じくメートル法が普通に使われている。村から舗装道路の分岐点であるフンルアン村まで八キロメートルで、メコン川沿いのドンナー村まで六キロメートルということは誰でも知っている。

この他、タイ独自の長さの単位である「セン」(sen)(=四〇メートル)、「ワー」(wa)(=二メートル)もよく使われる。「セン」、「ワー」は何キロメートルにもなるような長い距離には使われず、土地の形状や面積を測る時などに用いる。この「セン」と「ワー」は抽象的単位である。つまり、一センも一ワーもメートル法と同様に、その場面の状況を問わず当てはめることができる。いつでもどこでも同じ長さを示す均一な単位である。

村では、もう一つ、「トート」(thot)と呼ばれる距離の単位がある。これは、われわれにとっては当たり前に感じられるメートル法や「セン」「ワー」といった距離の把握の仕方とは根本的に異なる。

ある日、筆者は村人が森へ家畜を探しに行くのに同行した。集落から東に、「プー・ポン・イアム」(Phu Pong Iam)という山へ向かう道を進んだ。途中、村人が共同で利用している森のなかに柵をめぐらせた放牧場がある。柵の入り口に着いた時、村人は、「ここまでが「トート1」だ」と教えてくれた。さらに、プー・ポン・イアムを指差して、「あの頂上までが「トート2」だ」という。「トート」の意味がわからないので尋ねると、「「トート」は距離の単位だ」という。私は、「トート」が距離の単位だとすれば、例えばメートルに換算できるようなものか、そうでなくても、歩くのに要する時間とか、何か一定の量が基準になっているのだろうと思い、「そしたら、「トート1」は何キロメートルになるのか、あるいは何時間歩けば

表6-2　村から伸びる道沿いのトート

村—Phu Pong Iam 山—パックラー村	村からの距離
トート１：家畜放牧柵の入り口	1.5 km
トート２：Phu Po, ng Iam 山頂	3.5 km
村—Pong Chang—ドンナタムの森	
トート１：家畜放牧柵入り口	1.5 km
トート２：ドンナタムの森入り口	3.5 km
村—Phu Lang Khwai 山—ドンナー村	
トート１：Phu Lang Khwai 山頂	2 km
村—Bok Kop	
トート１：Bok Kop	5 km
村—フンルアン村	
トート１：Tham Thit Khai（洞穴）	3 km

「トート１」になるのか」と聞いた。すると、彼は「場合によって違う。そういう類のものじゃない」と答えた。「トート」とは一体、何なのだろうか。

集落から延びる主な山道が六本ある（図6-6）。それぞれに「トート」がある（表6-2）。例えば、前述のプー・ポン・イアムへ向かう道は、さらにパックラー村まで延びている。この道では、家畜の柵の入り口が「トート１」、プー・ポン・イアムの頂上が「トート２」である。キロメートルに換算すると、村から「トート１」までが一・五キロメートル、「トート２」までが三・五キロメートルである。他の道の「トート」は表6-2の通りである。「トート２」まである道もあるが、「トート１」しかない道もある。それぞれの「トート」の距離はまちまちだし、そこまで歩いてゆく時間とも一致していない。例えば、プー・ポン・イアムへ向かう道では、家畜柵の入り口までは比較的平坦で、歩けば三〇分程度の道のりだ。村人の脚なら二〇分くらいかもしれない。しかし、そこからプー・ポン・イアムの頂上までは距離も長く、途中から登山道になるため、その二倍くらいはかかる。

村人は、さらに、「トート」は「区切り」なのだ、と説明する。村人たちは、森で出会った時、どこまでいってきたのか尋ね会う。その際、「トート1まで」などと答えるのだ。このような会話に、その場面ではどこの道のことか自ずと明らかなので意味が通じる。「トート」は、そういう具体的な特定の文脈でのみ理解可能なのである。だから、外部者は、村人の説明なしには「トート1」がどこにあるのか判らない。

また、「トート」は現実の森歩きでの「区切り」と符合する。「トート」とされる場所は、特徴的な目印というだけでなく、村への折り返し点でもある。例えば、前述のようにプー・ポン・イアム方面へ家畜を探しに行く場合、「トート1」の家畜の柵まで行って見つかればそこで引き返す。見つからなければ、「トート2」のプー・ポン・イアムまで行く。それでもまだ見つからなければ、もっと先まで行くこともあるし、時間によってはあきらめて引き返すこともある。プー・ポン・イアムの頂上は急な斜面の後の格好の休憩場で、岩の上にペンキで「つかれたなあ、まあ、座ろう」(nuai de nang kong si) と書いてある。他の「トート」も同じように休憩場とか家畜の柵である。つまり、「トート」とは、日常、森を歩いてゆく、その中で、あるところまできて引き返す場所、あるいは、途中に休憩する場所という、実際の行動に基づいた区切りなのである。行動の区切りになるような地形上の特性があることも無視できない。「トート」とはそうした日常生活での人の行動と環境とがあいまってできたものだと言える。

さて、この「トート」とメートル法や「セン」「ワー」による距離の把握との違いは、ひとことで言えば、具体と抽象ということになろう。

すでに書いたが、メートル法や「セン」「ワー」は具体的状況から切り離された抽象的な単位である。「セン」「ワー」は、人が両腕を広げた長さ (＝一ワー) に依拠する。人の腕の長さには個人差があるので、その通りに適用すれば、これは均一ではない。メコン河畔のある村では、メコン川の中州で野菜栽培をする。

その耕作権は、ワー単位の幅で短冊状に売買する。その幅を測る時、買い手は少しでも体の大きな人間を探すのだという。その人の両腕を広げた長さをワーとして計算するからだ。つまり、フィクションとして、あるいはおおよそのところで、ワーは等価な単位とみなされているのである。不均一でありながら、なお、抽象的な体系なのである。

これに対して、「トート」は完全に具体的な認識様式である。村の周りの森を歩くという、村では誰もが行う行動、共通の経験に依拠するので、他の場所に当てはめることはできない。通常、道すがら出会うといった具体的文脈で使われることが多く、どの道かが会話の中で明示することは少ないが、村人たちの間でさえ、文脈によってどの道かが特定されなければ通用しないのである。

「つながりの論理」と「区切る論理」

ここまで、村人がどのように森林をはじめとする自然環境の分類し、また、認識しているのかということを考えてきたが、分類・認識ともに共通する二種類の視点があることがわかった。一つは一次元的、線的な視点である。自分が日常生活のなかで具体的に自然とかかわり、さまざまな行動をする、そこでの目線である。これが、対象と自分が連続的な「つながりの論理」である。もう一つは、土地の権利に関わる二次元的、鳥瞰的見方である。境界は明瞭で、各領域は非連続的である。具体的な内側の多様性や日常生活での人と自然のかかわりとは無関係である。こちらは「区切る論理」である。

インゴルド［Ingold 1987］の議論は、この二つの論理の差異について考えるのに示唆的である。彼は、狩猟採集民社会での土地所有が、滝、川、宗教的な場所が見える範囲、というように、ゼロ次元・一次元的なことを指摘する［同書：148–155］。所有地の境界はあいまいで連続的である。「土地が場所を含むのではなく、場所が土地を含むのだ」［同書：150］という。一方、農耕社会の土地所有は明確な境界を持つ二次元的なもので、開墾とは、「土地を覆うものを取り払って潜在的成長力だけを残すことだ」［同書：154］とする。しかし、ここまで見てきたように、ゴンカム村のような農耕社会でもゼロ・一次元的認識と二次元的認識の両方を持つ。彼らが農業だけに従事するわけではないことも一因だろう。ただし、「開墾」を一元的に「潜在的成長力」に抽象化するというのは問題だろう。インゴルドの念頭には、近代的農業と排他的所有権があるようだが、他の多くの農耕社会同様、村での土地所有（あるいは占有）の観念はそのようなものではない。確かに、開墾し耕作するという面だけを見れば、農地としての「潜在的成長力」だけが関心事であるかのようだが、実際には、土地の利用はもっと多様で、それぞれに応じた取り決めが入り組んでいる。

村では、「ラオ」（占有二次林）での木材以外の資源の採取や狩猟は、占有権に関わりなく誰にでも開放されている。水田での漁労も同じである。森の占有や水田の所有は耕作と材木に関する権利でしかない。一片の土地にも、それ以外の所有者に限定されない様々な利用が層をなしている。土地所有において、狩猟採集民のものが境界があいまいなゼロ次元的・一次元的なものに対し、農耕民のものが明確な境界を持った二次元的なものなのは、少なくともゴンカム村のケースを見る限り、間違いはない。ただし、このことは、あくまで土地所有に関して当てはまるというに過ぎない。農耕においても、例えば田植えをし、稲刈りをする際の土、水、植物、の具体的な認識は一次元的だろう。

村人が時々の文脈に応じて使い分けるのは、一次元的「つながる論理」と二次元的「区切る論理」なのである。この違いは、自然とのかかわりと、人と人との社会関係という、表現の対象が異なることによる。

この「つながりの論理」と「区切る論理」の両者は互いに相容れないが、状況に応じて棲み分けている。ここで、見逃してはいけないのは、農業以外の生業活動が人と自然との結節点として自然環境をどのように認識するか、という文化において重要な役割を果たしていることである。これは、従来からの、農村社会や農民の暮らしや文化についての固定観念を覆す。「農民」の生活は多様な領域からなっており、農耕はその一部でしかない。水田の中にも有用樹を残し、蛙を獲り、香草を摘む。水田の他にも、広い森や小川の組み合わせが「森の農民」である村人の生活空間を構成している。水田とは、一見、森とは明確に区切られるかのようだが、実は、森の中に浮かぶ、米を作るための造作に過ぎない。これら森（あるいは自然）と人との関わりは、一貫して「つながる論理」で認識されるのである。

森林を保護区などに囲い込むこと、あるいは、それに反対して、地域住民の森に対する権利を主張すること、そこでは、「区切る論理」が強調される。地域住民や、それをサポートするＮＧＯなどは、地域住民がいかに自然について熟知し、それに依存して生活してきたか、自然とのつながりの強さをアピールする。しかし、資源や権利を争う場では、基本的に、「つながりの論理」は出てこない。彼らが村に帰り、普段のくらしに戻ったとき、はじめて、再び「つながりの論理」で自然を見るようになるのである。

むすびにかえて——森と社会はどこへ向かうのか

今日もまた、カウベルの音が聞こえる。牛の群れとそれを追う村人が通り過ぎるとまた嘘のように静まりかえる。時折、森や水田と行き来する人の足音。タケノコ採りから戻る女たちがゆるゆるおしゃべりをしている。ひとしきりするとその声もまた遠ざかって行き、それをぬぐうようにわずかに風がそよぐ。

この、昔から変わらない暮らしを送ってきたかに見える、山の中の小さな村。この村は、しかし、制度の建前と現実の幅のなかで展開してきた「やわらかい森林保護」を凝縮していた。また、タイ社会の縮図をその裏側から影絵のように映し出していた。村、森、国家と社会、これらが、「やわらかい森林保護」を軸にして、どのように絡み合っていたのか。これまで一貫して考えてきた、国家の「区切る論理」、農民の「区切る論理」、「つながりの論理」がゴンカム村とそれを取り巻く自然環境という同じ空間のなかでどのように共存しているのか。

これまでの各章での議論を振り返りながら整理し、タイの「やわらかい森林保護」が、これからの人間社会と森林やそのほか自然とのかかわりを考える上でどのような意義を持っているのか考えてみよう。

「やわらかい保護」の基本的構図

タイでは一九世紀後半から近代国家の建設が進むなか、森林についても中央政府が独占的に管理する制度がつくられていった。現在の森林管理システムの骨格は一九六〇年前後に完成した。その後、一九九〇年代初めまでの間、中核となったのが国家保全林制度だった。森林を国家保全林に指定することで、樹木だけでなく土地全体を保全・管理するという趣旨の制度だった。そうした保全林指定の制度は一九三八年に制定された森林保護・保全法ですでに導入されていたが、一九六四年の国家保全林法で指定の事前手続きを簡略化した。その結果、一気に国家保全林の指定が加速した。この頃、開発政策が始まり、国土の総合的な利用計画が策定されていたが、この国家保全林指定の本格化もそれに沿ったものだった。

しかし、国家保全林制度は、保全林を実質的に維持・管理する仕組みが用意されていないものだった。指定も、一応、実地調査を事前に行うのだが、土地所有権や法的な根拠はない事実上の慣習的な利用に関する調査は行わず、事後の申し出に従って処理することとされた。また、山深い場所などは奥まで入ることはせず、地図上だけで境界を定め指定してしまうこともあった。このため、既に村落や耕地があるところを国家保全林に囲い込むことが多発した。さらに指定後も実質的にほとんど維持・管理のための施策がなされなく放置されたので、国家保全林に囲い込まれた村落が耕地をさらに森林を切り開いて拡張する、あるいは、新たに外部からの開拓農民が開墾をどんどん進めた。わずかに設置された現場に常駐する森林防護署でも、土地や林産物を生活のために必要とする住民に同情するあまり、軽微な違反を見逃していた。国家保全林の指定が順調に進み、国土の四六パーセントにまで達した一方、実際の森林被覆は現象の一途をたどり、国土の約二五パーセントにまで落ち込んだ。このような国家保全林の有名無実ぶりは、木材伐採地でそれなりに規則に則ったチェックなどが行われていたのとは対照的だった。森林局職員の多くは国家保全林は木材伐採のための制度だったと言うのだが、実際には引々に動いており、木材伐採に特に貢献した形跡は見られない。

国家保全林の多くが実際は農地になっているという矛盾、建前と現実のギャップに対して、政府はその場しのぎの対応に終始した。農民が開墾・占拠した土地に対する耕作権を付与するプロジェクトによって、なし崩し的に現状追認を繰り返したのである。それにもかかわらず、問題の根幹であった国家保全林の制度設計そのものを改正することは全くなく、従前の方式での指定が続けられた。

結局、森林の消失を食い止めることはできず、一九八九年には商業伐採が全面禁止され、一九九三年には荒廃林地が農地改革事務局に移管されるに至る。森林局は残された森林をいかに保護するかということに重点を移した。具体的には国立公園や野生動物保護区を拡張したのである。国立公園や野生動物保護区は制度上、多くの詰め所やレンジャーを配置し警邏活動にあたらせるなど、国家保全林とは違い、実質的に保護を強化するものであった。そのため、地域住民との間に紛争が起きることもあった。しかし、多くの場合、もともとある村落での居住や耕作、木材以外の林産物など生活に必要な物資の採取は、係官の裁量で黙認されていたのが実情だった。

このように、タイの森林管理は常に制度の建前と現場での運用との間に大きなギャップがあり、法令に明らかに反するような現場での対応も、現実は法律の通りにはいかないという理由でほとんど公然と行われてきた。しかし、それによって、現場での裁量の幅を広く確保することができ、地域住民との深刻な紛争を避け、かつその時々の政治的社会的状況下で現実的に可能なレベルでの森林保護を行ってきたともいえる。これが、「やわらかい森林保護」の基本的構図である。

国立公園という「社会生態空間」

ゴンカム村はまさにこのような「やわらかい保護」を前提に成り立っていた。

確かに、村人の日常生活は自然環境に大きく依存した自給色の濃いもので、「お金がなくてもよい暮らし」を志向していた。それは、一見、村の外側——国立公園の外側——とは全く別世界の出来事のようにみえる。しかし、実際には、国立公園に囲い込まれたことと切り離しては考えられないものだった。

国家保全林のころには、制度の建前とは裏腹に実際には村人の生活へのほとんど何の影響もなかったが、国立公園になって実質的な制約を受けるようになった。電気や水道、道路といったインフラは整備されない。新たな水田の拡張も、休耕させていた陸稲畑を再開することも許されなくなったので、恒常的に米が自給できない世帯が増えた。一九九一年にパーテム国立公園が指定されてから現在に至るまで、国立公園の外側ではインフラ整備が進んだ。それによって一層、差異化され、ゴンカム村の不便が際立って見えるようになった。一方で、外側とは際立って森林が残されているのも事実である。村人が望む、「お金がなくても良い暮らし」が可能な豊かな自然環境が残されているのは、国立公園化されたからでもある。村人たちは、家族を持つと出稼ぎにも行きたがらず、田を耕し、森でタケノコやキノコを採り、川で魚を捕らえ、山に狩りに行く。外側のもっと「発展」した村々との親戚や知人の関係や行き来も恒常的にあり、男性の場合、外から結婚によって移ってきた人も多い。彼らはお金を使い便利に暮らす生き方も選択できた。しかし、この村での「お金がなくてもよい暮らし」を選んだのである。

この「お金がなくてもよい暮らし」、つまり、自然環境に大きく依存した自給的な生活は、市場システムから距離を置き、生計を安定させるという経済的な意義もあるが、それだけではない。自然のなかの草木虫魚と日々かかわるなかで培われる文化――自然環境の認識の仕方や生活のリズムを組み立てる行動様式と価値観――がある。

暮らしの論理

毎日の自然からの資源採取にもそういうものが表れている。ゴンカム村の場合、最も頻繁で日常的な自然からの資源採取は食料だった。食材の大部分が自給されたもの、「お金を使わず」得られたものであること、そのなかには飼育・栽培されたものもあったが、かなりの部分が野生のものだったこと自体はそれほど驚くべきことではない。森のなかで暮らすというのはそういうことだろうと想定可能なことである。しかし、例えばタケノコのように雨季には豊富にある野生の食材を塩漬けや缶詰で保存して、食物が自給しにくくなる乾季に備えることをしないのは意外である。生活を安定させるという点では不合理にすら見える。日々の食材採取の行動をつぶさに見ると、販売目的の場合を除き、その日の食事のために必要な分を必要なだけとる。狩猟や漁労の場合、望外に多く捕れることもあるが、それでもせいぜい翌日くらいまでである。六章の冒頭に書いた村人の言葉、「森は市場のようなものだ」、まさに毎日、その日に食べる分だけ市場にあるいはスーパーに買い物に出かけるのに似ている。ただし、スーパーとは違ってあまりあれこれと選り好みはできない。豊富に食べ物がある時にはたくさん食べ、ないときにはあるだけで我慢する。このように、ごく短期のスパンでその都度、食材採取を行う背景には、その時々の自然にしたがって生きることを良しとする志向がある。

村人たちは、刻々と変化する自然を注意深く観察して自然から食材を得る。そういう自然と向き合う姿勢が環境認識にも反映されていた。特徴的な自然物などを目印にそこへ向かって進んでゆくような視線で見る、対象と自分が連続的な一次元的認識、カテゴリーの境界が曖昧な分類といった「つながりの論理」である。土地に対する権利の保障を求める議論は、煎じ詰めれば境界線をどこに引くかを争うものである。自然と向き合って生きる人々の目線はこれとは全く別物なのである。

「同床異夢」の社会

これらは、いわゆる資本主義経済の土俵で、例えばその金銭的価値を量るようなことにはなじまない文化システムである。こうした文化の維持・形成になるゴンカム村のような生活空間を守り、人と自然の多様な関係を保障することは、自然環境や生物多様性の保全にもつながる。多様な価値、多様な文化とそれに応じた森林やそのほか自然環境がセットで守るということは、言い換えれば、その時々の社会が要請する程度の保全ということになる。生態学者が考えるような理想像には至らないかもしれないが、極端にひどいことにもならない。それで十分、持続的ということには必ずしもならない。しかし、結局、社会が求める以上に厳格な保護は、それが本当はそれほど必要なものであろうとも、実現されない。もちろん、ひとくちに「社会」といっても、立場や考え方が異なる人々からできている。人々がそれぞれの思惑で行動した相互作用の結果として社会全体の趨勢が決まる。そういうものとしてのタイ社会はどちらの方向に向かおうとしているのだろうか。

ゴンカム村での一見、外界から取り残されたかのような暮らしが維持されているのは、実に多様な立場の人々がそれぞれの信念や思惑で行動した所産であった。当然のことながら、これは国家対地域住民という単純な図式で語ることはできない。各所で触れた従来の議論が陥りがちだった、強者である国家やそれと癒着した大資本（＝悪者）が弱者である農民（＝善者）をいじめるという「水戸黄門」的勧善懲悪論は、ゆきすぎた国家の擬人化であろう。

現実の世界にあるのは生身の個人だけで、国家というのは法律や組織といった仕組みだけの実体のないものだ。その仕組みさえ、生身の個人の集まりが作り動かしている。例えば、矛盾に満ちた国家保全林も、そういう個人がそれぞれの立場や価値観に基づいて行動した結果である。誰しも人間として、ある程度、自己の利益を慮りはするだろう。しかし、国家の側にいる政治家や行政官がみな悪逆非道というわけではない。多くは、例えば政治家なら次の選挙に当選できるように、行政官なら少なくとも解雇や左遷にはならないように、基本的には自分の役割に忠実に、その範囲内で「善かれ」と思うことを行う。これは、農民が生活を守るために法の網をかいくぐったり、徒党を組んで政府にさまざまな要求をしたりするのと本質的な違いはない。

社会のあるべき姿について、あるいは、自然の持つ意味について、人々はそれぞれ異なる意見やイメージを持っている。例えば、土地は誰のものか。ろくに管理もしていない国有林は農民の慣習的論理からいえば無主の土地だ。だから耕す。耕すのではなく、自然の物資を採取するのは誰の土地でもかまわない、自分と自然との関係だけの「つながりの論理」の世界だ。

これを見た現場の係官は、違法であるということと農民がそうして生活を送ってきたのだということの両方の板挟みになる。だから裁量的に見逃したりもする。現場から離れた役所の上役も薄々そういうことには感づいていただろう。急激に森林がなくなってゆくことに危惧を抱きつつも、それを食い止められる程度にまで取り締まり体制を充実させることもなく、現場の係官をとがめることもない。最終的には、現状追認的に耕作権を与えた。農民の暮らしが成り立たなくなるようなことはできないと判断したのである。その上で、全国の森林管理に責任を持つものとして、本当に重要な生態系や水源地は、可能であれば移住などの手段を含めどうにかして守ろうと考えたのだ。

こうした配慮の裏側には、農民たちは貧しいので、自然資源に依存した暮らしを送らざるを得ないという「思いやり」がある。例えばゴンカム村に対して国立公園の係官が持っているのもそうしたもっぱら経済的な弱者としてのイメージである。村人が可能な選択肢のなかであえて村での「お金がなくてもよい暮らし」を選んでいることや、日々、自然と向き合うなかでどのような文化を形成しているのかということは理解の外なのだ。このことは、ゴンカム村についていえば、村を訪れプロジェクトを実施するNGOにも当てはまる。彼らのプロジェクトの多くは現金収入増加のための規格化されたプログラムを持ち込むが、村人のニーズに合わずに失敗するのはそのためである。

一方、アナン［Anan 2000］やヨット［Yos 2003］のように、地域住民主体の資源管理を支援する議論のなかには、そのような地域住民の自然に対する深い知識や慣習的な資源管理を過大評価し、十分な根拠なしに持続的な資源管理能力を認めようとする。少なくともゴンカム村の人々は、自然と向き合うことで豊かな文化を形成していたが、彼ら自身が持続的な資源利用であるという意識をもっているわけではなかった。そもそも、森林やそのほかの自然環境が稀少な資源であり持続的に利用するように工夫するというのは、近年、森林破壊が急激に進むまでは必然性のないことだった。

このように、村人、役人、村人を支援する学者、NGO、それぞれに違う「思い込み」を持って、その上で善かれと思うことをしている。しかし、互いの見解の相違をただそうということもない。同床異夢的な社会のなかでの交渉の結果が現在のゴンカム村なのである。

建前と現実のギャップのなかでの操作

このような同床異夢的な社会と関連しているのが、再三ふれてきた、国家保全林において特に顕著だった制度と実態との乖離である。これは制度設計のなかにあらかじめ埋め込まれた構造的なものだったが、問題が顕在化しても根本的原因である制度そのものが改められることはなく、国家保全林の指定が従来通り行われた。しかし、同時に、そうした建前論だけで強い実効性を持たない制度設計は、明らかに法令の定める範囲を逸脱するような領域までを含めた幅広い裁量の余地を現場に与えた。地域住民による土地や森林の利用形態は地方ごとにさまざまで、そうした現場の実情やニーズにあわせた柔軟な施策を可能にした一面もあったのだ。社会各層からの要求、時々の政治的社会的情勢、といった環境のなかで深刻な紛争を避けながら現実的に可能な範囲での森林保全を行ってきた。

このような建前と現実の使い分けは、同床異夢的な社会に埋め込まれた仕組みのひとつであろう。建前としての制度をどのようなものにするかというところで意に反する結果となっても、運用のところで挽回可能になっている。先に述べたように、その時に政治的影響力の強い意見が政策に反映される。その際に、逐一、制度の根幹をいじる必要がない。そうでなければ、コミュニティ林法のように、一〇年以上を費やしても実現されないといったことにもなりかねず、「深刻な紛争を避ける」という社会全体が合意している大枠が崩れてしまう。

とはいえ、国家保全林をめぐっては矛盾が大きくあからさまになりすぎた。森林破壊も深刻さを増し、場当たり的な対応では済まなくなってきた。さらに、一九八九年の商業伐採の全面禁止で森林管理のパラダイムが変わった。こういうことが背景にあって、一九九〇年代に入ってからは、国家保全林のゾーニングを行い、荒廃した林地は農地改革事務所への移管しSo Po Ko 4-01耕作権証書を発行、さらには、「保護林」内でも耕作権の付与に向けた作業を始めた。農耕地と森林との線引きを実態にそった形でやり直すというこのような一連の作業によってギャップの部分は解消されることになる。加えて、コミュニティ林が公に認知されることで森林と地域住民との関係も制度として可視化されるようになる。

しかし、これは、「やわらかい森林保護」の終わりを意味するのではなさそうだ。一般論として、あらゆる制度には抜け穴や例外がつきものだというだけでなく、農民の暮らしのためには現場が明らかに法令に反するような裁量的措置を行うことを肯定的にとらえる社会的風潮が強い以上、矛盾を生み出す構造そのものは従前のまま残る。量的にはともあれ、「保護林」内の耕地やコミュニティ林のなかで公的な基準にあわないものはやはり「不法」なまま矛盾として放置されるだろうし、森林に限らず、新たな建前と現実のギャップが必要に応じて作られるだろう。こういう社会全体の仕組みを抜きにして、森林管理システムのあり方を考えることはできない。

棲み分けのパッチワーク

利害や考え方を異にする人々がお互い没交渉なまま平穏に共存し、その時々の政治的影響力やコネクションによって物事が決まってゆく同床異夢的な社会。そういう社会を成り立たせているからくりが建前と現実のギャップのなかでの操作である。つまり、建前としての制度と現実の運用とのギャップに対して寛容にすることで、制度をフォーマルに改正しなくても実質的なルール変更を可能にし、変化する社会情勢や地域ごとに多様な人々の暮らしぶり柔軟に対応することができる。

社会システムとしてはこういう仕組みは持続的であろう。つまり、修復不可能な社会の亀裂を避け、それぞれがまずまず満足して、少なくとも我慢できないほど不満を溜めることなく暮らしてゆける、安定的な社会システムである。

しかし、そういう社会では森林資源の利用や生物多様性も持続的であるということにはならない。むしろ、自然資源の持続的利用を確かなものにしようと考えると、心もとない社会である。

例えば、オストロム［Ostrom 1990］は、各地の共有資源管理の、長期間存続している事例、資源の減少に伴い制度を変更した事例、失敗した事例を比較検討した結果、持続的な資源管理が維持される制度的条件として次の八つの項目を挙げている。(1)資源を採取できる個人あるいは世帯が明確に定められていること。(2)資源の採取・供給に関する規則と地域の事情とが調和していること。(3)規制の運用によって影響を受ける人の大部分が、ルールの修正に参加できること。(4)資源を利用する人々による相互監視。(5)規則の違反者が、違反の程度に応じた罰を受けること。(6)迅速な紛争解決のしくみがあること。(7)資源採取者が管理制度を設立することが、公権力による抑圧を受けないこと。(8)より大きなシステムの一部である場合、機構全体の各層で、資源採取・供給、監視、規則の強制、紛争解決が組織化されていること［前掲書：192–214］。ここで示された条件からもわかるように、地域共同体が持続的な資源管理を行うためには規則や罰則が明確かつ透明でそれを運用する組織が堅固であることが求められる。これは、表向きの制度や組織が必ずしもその通りには動かないというタイ社会とはある意味で正反対の性質といってよい[1]。

持続的資源利用が保障されるような制度を確立するためには、タイ社会そのものを大きく改変する必要がある。しかし、間接的にどのような圧力がかかろうとも、社会を変えるかどうかを決断するのはタイ社会を構成している人々自身である。一朝一夕に実現されることとは到底考えられない。しかし、現在、残された自然環境は守っていかなければならないということについてはかなり広範な社会的合意がある。制度的担保というよりむしろそうしたコンセンサスがある以上、それほどひどいことにはならないだろう。

そういう大枠としての社会的合意があるという前提で、ではもう少し具体的に、森と社会のあり方をどのようにデザインすればよいのだろうか。

「保護林」内での土地権利の認証にせよコミュニティ林運動にせよ、旧来の生活や「伝統文化」の尊重を謳い文句にはしている。しかし、これらの運動はもっぱら「区切る論理」で動いている点が気がかりである。政府や外部とは「区切る論理」でなければ対抗できない。これはわかる。つまり、外側との境界だけははっきりさせておこうということだ。だから、政府が示した細かいガイドラインが自分たちの土地・森林利用の実態にそぐわなければ、村全体で測量を拒否するという事態に至る。ところが、コミュニティ林では少々事情が違う。コミュニティ林の境界を測量して地図を作り、管理のための組織や規則まで作る。村落社会の内部にまで「区切る論理」が持ち込まれているのだ。現在のところ、規則といっても、その実際の運用も含めてみればそれほど詳細かつ厳密なものではなく、日常生活の中での自然とのかかわりに大きな影響を与えるようなものではない。しかし、将来的には人口圧などにより人々の間の権利関係をより明確にすることを彼ら自身も外部の人々も求めるようになるかもしれない。

権利、つまり森林や自然をめぐる人々の関係ばかりが強調されるようになると、表向き、人々の生活や文化の基盤が守られるように見えるかもしれないが、実は、常に自然とつながり、自然の変化に即応して暮らすという生活のリズムは根底から揺るがされる。村落社会内部では自然資源の利用に関しては所有や権利関係がそれほど厳格でなく、みな気ままに利用することが許されていたという社会秩序と無関係ではありえないからだ。もし、それによって人々が日常生活のなかで「つながりの論理」で自然と向き合うことが少なくなってゆくのだとすれば、自然環境と人々の生活や文化とをセットとして、その多様性を守ろうという観点からは望ましからざることである。

さまざまな環境があり、それに応じた人の暮らしぶりがある。近代化された便利なものからゴンカム村のような自然環境に大きく依存したものまで、それぞれに必要な環境とのセットを考えると現実的にはいくつかの段階に整理できるだろう。外見的にはバッファーゾーンのも含めた強弱の段階をつけた保護に似ている。ただし、ここでは、単に、守るべき自然環境だけを出発点にするのではない。人々は一様に便利さやいわゆる豊かさだけを求めているわけではない。それぞれが選択する暮らしぶりが可能になるような自然環境が守られるようにする。人々はみずからが選択する暮らしぶりに応じた環境へと動く。この「動く」ということ自体については、タイ社会では、幸いなことにあまり抵抗がない。自らの意思で自らが望む生活スタイルに応じた環境にこれまでの人々は動いてきたし、これからもそうしてゆく柔軟性がある。

このようにして、多様な価値観・自然観と多様な自然環境のセットがパッチワーク状に配置される。これが今のタイで現実的に可能な生物多様性保全（と同時に文化の多様性の保全でもある）のデザインではないか。表向きの議論が「区切る論理」で進み、権利という均一な目線が強調される世知辛いなかにあって、もう一つ、建前の制度から自由に発想することができる柔軟性を残す、「やわらかい保護」にこそその可能性を求めるべきであろう。

「やわらかい保護」と地域社会

このような、「やわらかい森林保護」は、確かにタイ独特のものだったし、タイ社会の特徴に根ざしたものでもあった。しかし、「やわらかい保護」という発想自体は、人間社会と森林、あるいはそのほか自然環境とのかかわりを考える上での示唆に富んでいる。国や地域によって文化や社会は多様である。しかし、自然環境に依存して暮らす人々は、日常生活のなかでは「つながりの論理」で自然と向き合い、自然資源をめぐる社会関係、特に村落社会を超えた国家や大資本との関係では、「区切る論理」が卓越するという二重性がある。しかし、自然資源をめぐる綱引きが激しくなるにつれて「区切る論理」ばかりが強調されるようになってきている。森林が多く残り、自然が豊かなところでは、「つながりの論理」で日々、自然と向き合うなかで築き上げられてきた在地の知恵がある。こうした文化創造のメカニズムに眼を向け、人々の暮らしや文化と自然環境とを一体として守るべきなのは、国や地域を問わない。

「つながりの論理」に立脚して、その土地の人が自然とのつながりをどのようにしたいと考えているのか。その多様なありかたを保障するように、多様な社会生態空間を用意するというのは、画一的な市場経済に否応なしにすべてが飲み込まれる現状を超克するひとつの可能性ではないだろうか[2]。そのためには、ある種の徹底した現場主義が必要だ。生活や自然についての認識や価値観といった文化は、その土地ごとに固有の事情があるのに加え、常に動いている。それに臨機応変に対応しなければならない。一律に定められたスキームに厳格に従わなければならないとなると、そうした臨機応変の現場の対応が困難になる。しかし、現場や地域住民にすべてをゆだねてしまえばよいということでもない。もしものための歯止めはやはり必要である。

このように考えると、厳しめの原則を打ち立てておき、もしものための歯止め、あるいはセーフガードの方途を残しておく。その上で特例措置そのほかで事実上、現場での裁量幅を確保するのが望ましい。いうまでもなく、これは、「やわらかい保護」である。

最も難しいのは、それまで比較的、自然に依存した自給的な暮らしを営んできた人々のなかから近代的な利便、経済的な富を求める人が現れたときにどう対処するかということだろう。タイのように人々が動き回る社会では、自然に棲み分けがされるだろうが、特定の土地への執着が強かったり、コミュニティの束縛が強く外部者に対して閉鎖的な社会であったりすると、その社会の内部での生活スタイルをめぐる価値観の違いに柔軟に対処することが難しくなる。経済的機会を求めて人が出てゆくだけで、自然に依存した暮らしをのぞむ人が潜在的にいたとしても入ってこれず、日本の中山間村のように過疎化してゆくことになるかも知れない。そうなると、自然とのかかわりによる文化創造のメカニズムが死んでしまう。あるいは、閉鎖的なコミュニティがそのように衰退した後に、残されたスペースを埋めるように新たな社会生態空間がつくられ、新たな文化創造が行われてゆくようになるのかもしれない。そのように絶えず変化し続けるのが全体論的な意味での地域なのだろう。ただし、そのような、あたかも生物社会のような地域の動的な活力は、多様な生き方や価値観がその根源となる。「やわらかい保護」は、単に森林保護、自然保護を考えるだけでなく、そうした、生き方や価値観の多様性をもとにした活力ある地域を構想する上での基盤となろう。

註

◆はじめに

（1）国立公園の制度化がそうした自然保護運動をそのまま体現したという意味ではない。国立公園は、ナショナリズム発揚の手段でもあった［鬼頭 1996：44–45；畠山 1992：249］。また、原生自然をそのまま保存するのか、資源として適切に管理・保全するのかは、国立公園制度創設初期の一貫した争点だった［鬼頭 1996：46–49］。

（2）その思想的な基盤は、自然に対するロマンティシズムであり、精神主義的な色合いが強い。ソローの「ウォールデン」［ソロー 1991］はその典型といってよい。ソローは、マサチューセッツ州コンコード郊外のウォールデン池畔に小屋を建て、森の中で暮らした。自然の中に身を置き、直感的に、自然の中のすべてのものに浸透しているはずの oversoul と交流することで人間の精神を見つめようとしたのである。そうした生活の体験記である「ウォールデン」は、後のアメリカの自然保護運動にも大きな影響を与えることになる［鬼頭 1996：43］。

（3）例えば、原生自然の保存か、資源としての適切な管理・保全か、という論争も、自然は本来「手つかず」の状態で、外部者である人間は、それを支配し利用することも、原生状態で保存することもできる、という自然観を前提とした上でのことだったのだ。また、「自然の中に霊的な存在を認め、そこから人間の精神を見つめ直す」というソローのような思想は、一見、自然との一体性を強調しているようだが、何か日常から切り離された彼岸として「原生自然」を捉えている。実際、ソローのウォールデンの小屋も、それまで住んでいたコンコードの街から一マイル半しか離れておらず、ソロー自身、近代的都市生活と行き交うことの重要性を考えていたという［鬼頭 1996：44］。つまり、普段は自然から隔絶され、それを資源として消費する近代的な生活世界にあって、たまに「精神的修養」に出向く。そのために、彼岸にある自然の一部を、「原生」状態のまま、つまりやはり人間の手から切り離して保存しようというのである。

(4) 例えば、タイでは、一九六〇年代以降、キャッサバなど商品作物が導入されたが、自給的な稲作とは異なり、種子や肥料などに多額の投資が必要になる。連作で地力が落ちれば、それらの投入量も増える。そのための出費を農民は高利の借金でまかなうしかない。しかし、天候不順や病虫害の発生、さらに価格が不安定なこともあって、高い確率で、農民は借金を返済できず、土地を失う。あるいはその前に、連作障害で耕作不能になることもある。そうなった農民は、新たに森林を開墾して農地にする。すると、また借金をして土地を失い、という循環で、森林を荒廃させることになった。ハーシュ［Hirsch 1990］や田坂［1991］は、こうした国家レベルの政治経済の構造と農民の行動との連鎖による森林破壊の進行を、村落での調査を踏まえて明らかにしている。

(5) ペルソーのジャワでの研究［Peluso 1992］はその代表的な例であろう。オランダ統治期のジャワに、地域住民の慣習的森林利用を排除して科学的林業によるチーク・プランテーションが導入されて以来、日本占領期や独立後までの森林管理の歴史を記述している。それに対して、「弱者」である地域住民が、パトロールの眼を盗んで盗伐をしたり放火をしたりする、スコットがいうところの「日常的な抵抗」をこころみる。だから、独立戦争時のように、政情が不安定になり、警備体制に緩みが出ると、途端に森林が荒廃する。一連の歴史的経緯を振り返った上で、ペルソーは、地域住民の生活基盤を破壊した国家による資源の独占を批判し、不平等な資源分配を是正すべきだというのである。また、ヴァンダーギースト［Vandergeest 1996a］は、タイでの森林資源の国家による独占的管理の進行過程を、「領土化」'territorialization'と呼び、それを、(1)領域的国家主権の確立と林産物の管理、(2)森林区域の境界確定、(3)森林区域の機能的領域化、の三段階に整理する。このような地図による森林の把握や科学的基準での分類は、地域住民による資源利用の実態や、「近代的所有権」に一元化できない、複雑に錯綜する権利関係を無視したものである、と非難する。そして、地域住民が森林管理に参加すべきであると結論づけている。

(6)［Fujita 2002］参照。「共同体文化」に基づいたNGOの村落開発プロジェクトが、村落内の政治的対立や、スタッフの懐古主義的発想により失敗した事例も報告されている［Quinn 1997］。

◆第一章

(1) 二〇〇一年時点での数字。

(2) 上座部仏教の基本的な理念として、在家のひとびとは、喜捨により僧侶をサポートすることで功徳を積むことができる。これは、その僧侶の人格・行い如何に関係ない。よって、村人は、とりあえず僧侶であれば一定の敬意を払う。
（3）林［1996］は、先住民の村に婚入したラオ人男性が、後発組への土地ブローカーになったり、様々な米の品種を捜し求めるといった往時の様子を伝えている。
（4）シャゼ［Chazée 1999］によれば、ラオスでのスワイはラオ人への同化が進んでいるという。林の臨地調査での記述［林 1996：50；1997：547］もこの点を補強する。
（5）これ以降、二〇〇〇年、二〇〇四年の衛星画像による調査結果も公表されているが、二〇〇〇年に急に国土全体の約三二パーセントにまで跳ね上がっている。何らかの基準の見直しがあったのか不明である。よってここではその直前の一九九九年森林統計での数値を最新のものとして用いた。

◆第二章

（1）ただし、後述の「So Tho Ko」や「So Po Ko 4-01」といった耕作権付与の対象にはならなかった。一九九八年に始まった「保護林」内での耕作権付与では、国立公園内、野生動物保護区内より条件が緩くなっている。
（2）本書では、二〇〇二年の行政機構改革以前について論じる。部署名なども原則として改革以前のものを用いる。
（3）その後、第一～第一六保護林運営事務所（samnak borihan phuen thi anurak）とその支所五カ所に再編された。
（4）森林局職員以外は森林に限らず法令違反全般を取り締る権限を持つ。
（5）高谷・友杉［1972］は、こうした、タイ東北部の森林との境界が不明瞭な天水田耕作の実態を明らかにし、その特徴をとらえて「産米林」と呼んだ。
（6）森林局ではなく、警察局の一部である。現在、実質的役割を失っており、地方警察に編入される計画であるという（ウボンラチャタニ県森林事務所での聞き取りによる）。
（7）ある森林防護署長は、民主化後の一九九三年でも、現在のアムナートチャルーン県内に新しい詰所を作った時に、何度も放火され、結局、二〇キロメートルくらい場所を移したという。
（8）「チャップチョーン」とは本来、持ち主のいない土地を先取占有することである。慣習的ルールに則った持ち主がすでにいる土地を囲い込んでしまった国家保全林は、チャップチョーンとしてはルール違反である。

(9) この他、県南部デットウドム郡にもう一ヵ所、OB24として県会社分を設定予定だったが、一九七三年の時点で森林局から、「もともとの森林はほとんど失われているので林地から除外する」との通達が出され、その後、ウボンラチャタニ地域森林事務所から「プロジェクト林の境界があいまいで面積が分からないので廃止すべき」との意見が中央に提出されている［未公刊資料②⑤⑥］。その後の資料に現れないことから考えて、廃止されたものと思われる。

(10) ウボンラチャタニ地域森林事務所での聞き取り、および、ウボンラチャタニ県内の製材所経営者への聞き取りによる。

(11) 一九八九年以来、全国の県会社が商業伐採コンセッション停止による損害賠償を求めて森林局を訴えたが、二〇〇一年に森林局が勝訴。今度は逆に、森林局が、コンセッション契約の条項にあった伐採地の管理や植林といった義務を果たさず森林破壊を招いたとして、伐採会社を訴えた。現在でも係争中である。このため、コンセッションに関する資料は一部しか見ることができなかった。

(12) 「年次報告書」の記述では、一九六七年に一ヶ所設置、一九六八年時点でピブーンマンサハーン郡とデットウドム郡に各一ヶ所となっている。なお、両方とも村落森林開発署である［「年次報告書」一九六七年：60；一九六八年：95］。

(13) 研究論文のほか、記念本に寄稿された元局長の論稿も、政府の政策的不一致、特に土地局による無定見な土地証書の発行や警察の非協力的態度が森林破壊を助長したと非難している［Chaloem 1976：111–115］。こうした考えは、森林局の意見の大勢を示している。

◆**第三章**

(1) 幹部職員からの聞き取りによる。

(2) 「年次報告書」一九七七年：4の「森林村」プロジェクトの経緯を簡単に説明した記述は興味深い。「「担当官」が少なく、管理が行き届かなかったため、盗伐のような、自己の利益のための国家保全林への侵入・破壊を許すこととなった。この他に、「十分に知識がない」国民が、森を焼き、開墾した」。盗伐を管理の目が届かないのをよいことに利己的な利益を図るものと糾弾する一方、開墾については、「知識が十分でない」、と幾分、同情的である。

(3) この内、「タイ東北部緑化計画」は一九八七年に始まっている。「王室プロジェクト」によるものは一九七五年当初から［Lert and Wood 1986 : 25］、「安全保障のための地方開発プロジェクト」によるものも少なくとも一九八〇年頃には始まっていたようだ［森林局 1980 : 378］。
(4) 「森林村」は一九九三年まで続くが、「年次報告書」一九九二年では、それまでの実績が急増している。「Kho Cho Ko」（後述）の数字が算入されたものと推察される。「Kho Cho Ko」は一九九二年中に撤回されているので、全般的な推移を把握するためには、それ以前の数字の方が有益である。
(5) 他のプロジェクトの開始時やプロジェクト数の推移は不明。
(6) ウボンラチャタニ地域森林事務所での聞き取りによる。
(7) これは、カオ・アン・ルーナイ野生動物保護区の拡張に伴う大規模な移住計画だった。詳しくは次節で述べる。
(8) 元幹部職員からの聞き取りによる。
(9) 国立公園・野生動物保護区の増設は一九七七年からの第四次国家経済社会開発計画にも明記されている［森林局 1980 : 215–216］。
(10) ヴァンダーギースト［Vandergeest 1996b］のいうように、この一九八〇年代後半の方針転換は、森林局の予算や人員獲得の戦略でもあった。元局長のポン・レンイー氏は、筆者による聞き取りの中でそうした側面があったことを認めている。
(11) 元森林局長ポン・レンイー氏への聞き取りによる。
(12) 国立公園・野生動植物保護局国立公園部（samnak uthayan haeng chat）での聞き取りによる。保護区指定前の調査は県や郡に加え、現地の村長やカムナンの協力を得て行われた。実際に国立公園の指定に携わった元国立公園長経験者は、その際に彼らが指定に反発するようなことはなかったという。しかし、それをもって地域住民が指定に賛同していたと言えない。ゴンカム村やそのほかのパーテム国立公園近隣の村々では、森林局の役人がなんらの相談なしに一方的に国立公園に指定したと理解されている。
(13) 一部住民は代替地の提供を断り出身地に帰った。
(14) 国立公園・野生動植物保護局国立公園部での聞き取りによる。Kho Cho Ko 以降に行われた計画移住としては、一九九四年の北部、ランパーン県ドイ・ルアン国立公園内に指定前からあったメーサン・パーデーン村の事例がある。住民はルー、リス、ミエンといった山地民だったが、政府が提供した移住先の土壌や水の条件が悪く耕作を続けることができず、食料不足のため都市での出稼ぎを余儀なくされた。村人は県知事に問題解決を嘆願したが取り合ってもらえなかった［Pinkaew 1998 : 47］。

（15）周辺村落、及び第九保護林運営事務所（samnak borihan phuenthi anurak 旧ウボンラチャタニ地域森林事務所）での聞き取りによる。

（16）「国立公園」「野生動物保護区」に加え「一級水源林」も対象に含まれている。

（17）第九保護林管理事務所（旧ウボンラチャタニ地域森林事務所）での聞き取りによる。

（18）第九保護林管理事務所（旧ウボンラチャタニ地域森林事務所）での聞き取りによる。

（19）第一六保護林運営事務所（旧チェンマイ地域森林事務所）での聞き取りによる。

（20）政府・森林局は最終的に容認したが、最後まで一部自然保護団体が反対していた。

（21）例えば、［Anan 2000］。

◆第四章

（1）実際には、これは国立公園指定に伴う保護目的の強制移住ではなく、村人の福利厚生の向上に主眼を置いたあくまで任意の計画だった。これは村人の誤解である。

◆第五章

（1）ジャック・バローが「料理革命」というように、自然から採取した材料を「料理する」ことは人間とそのほかの生き物とを分ける大きな違いの一つである［バロー 1997 : 47–64］。この「料理革命」から始まって、食物を巡る、様々な文化や社会関係が展開して行くのである。食を巡る文化や社会関係については、これまでに膨大な研究の蓄積がある。個々の食べ物の加工や調理の技術の分布や歴史的経緯についての記述は枚挙にいとまがない。さらには、レヴィ＝ストロースが、「火を使って調理されたもの」、「生のもの」、「腐ったもの」の対比を題材にした神話の構造分析で示したように、食べ物を巡る身近な経験は抽象的思考の知的道具にさえなりうる［Lévi–Strauss 1994］。しかし、これら、食にまつわる文化の研究は、マーヴィン・ハリスが「食と文化の謎」［ハリス 1988］で示した、食文化を全てコストとベネフィットの合理性で説明しようという唯物論的説明は極端にしても、食物生産や加工、調理の技術や道具といった物質文化の淡々とした記述か、食事を巡る社会関係や宗教的世界観との関係で食物が担う意味の分析のいずれかであった。北タイのタイ・ヨン社会の食事文化の調査をしたトランケルの著書［Trankell 1995］の序章での'through food one embarks on the study of both material culture (the artefacts employed in preparation and cooking as well as the food items themselves) and social and symbolic meanings ascribed to food items, dishes, meals, and eating'という記述は、端的にこのことを示している（もっとも、実際には、彼自身、宗教的世界観へ結び付ける一本調子の議論に終始しているが）。しかし、実際の食生活を巡る、一連の人々と自然の相互作用を通底する文化的特徴は、これまであまり省みられなかった。

(2) 重富［1997］は、中部、北部、東北部、南部、という、よく言われる地域差に言及し、それらを「農村における伝統的食生活」とした上で、バンコクの「タイ料理レストラン」で見られるような料理と一線を画す。仮に、これに従えば、ゴンカム村は一応「東北部」の食文化に属することになる。もっとも、「タイの食文化」という括り方自体が不自然で座りの悪い感がある。東北タイの料理がむしろラオス料理に近いように、タイという国家全体を貫く何か普遍的な食文化の原理原則があると推定する根拠などどこにもない。低地で水田耕作を営む、いわゆる「タイ系」の人々だけでも、地域により異なった食文化が未だ残り、その境界線はあいまいで国境とも一致しない。ラオスについても同様なことが言える。例えば、ヴィエンチャンの料理は東北タイの料理と同じだが、ルアンプラバンの料理には違った趣がある。従って、ゴンカム村や東北タイの料理をまとめて「ラオス料理」と呼ぶにも問題がある。しかし、各地方も含むタイ人自身の認識は、一般的に重富に近い。中部地方の食文化はバンコクの「タイ料理」に包含され、「標準タイ料理」と見なされる。一方、北部、東北部、南部それぞれの食文化の違いを前提に、それぞれの地域の料理の教科書も売られている。これらはあくまでタイ国内の地方料理としてのもので、「ラオ（ス）料理」とは決して呼ばない。また、これは地域内での平準化でもある。このことは、娯楽的なもの（例えば、筆者の手元にあるものでは「イサーン料理」［Anonymous 1997］）だけでなく、例えば、教育省の学校検査官、ペンチット・ヨーシーダーの「イサーン料理教本」［Phenchit n. d.］のような、東北タイ人で、しかも家政学・栄養学的見地から長年に渡り東北タイ料理を研究し、教えてきた人が書いたものにも当てはまる。東北タイ料理の背景や特徴を説明し、分類整理し、七〇種のレシピを挙げてある。しかし、ここでも域内の変異については全く言及されていない。「よりよい料理の作り方を伝授する」よいう教科書そもそもの目的から考えれば当然のことだが、「東北タイ料理」というカテゴリーで「教科書」が成立するという土壌があることは注目に値する。ここでは、とりあえずこれを「標準東北タイ料理」としておく。

（3）石毛・ラドル［1990］によれば、東北部はタイの中で塩辛（「プラー・デーク」もこれに含まれる）やナレズシの種類が最も多いという［1990：69］。乾燥したコラート高原の低地で水田耕作を営むラオの環境では、雨季に水田やその周辺で一時的に集中して漁獲がなされ、乾季には魚が入手しにいことを、魚の保存法としての塩辛やナレズシが発達した理由に挙げている［1990：69］。しかし、これでは同じような環境のゴンカム村でなぜ「プラーデーク」を始め魚の発酵食品がなかったのかを説明できない。さらに、同書には「プラーデーク」の歴史的経緯に関する記述はない。ただ、「現在のベトナムには塩と魚だけでつくる単純な塩辛は見出せない」［同書 1990：143］のであれば、村人の言う「ラオ人はベトナム人から学んだ」というのは信憑性が低い。

（4）後で述べる「サティアン家の食事データ」にも登場するが、「ノマーイ・トム」（no mai tom）（「ノマーイ」はタケノコの意）という料理がある。タケノコを皮付きのまま、火が通るまで茹でただけのこの料理は、ここで言う「トム」には含まれない。語順の上でも、料理のカテゴリーとしての「トム」に含まれるものは、例えば「トム・カイ」（tom kai：鶏の「トム」）というように、主な具材など、「トム」の種類を示す語を後置修飾語として伴う。「ノマーイ・トム」の場合はこれと逆である。

（5）「イサーン料理教本」［Phenchit n. d.］のレシピはトウガラシを用いる「トム」を含む。しかし、「トム」と「ケーン」の違いについては明らかにしていない。

（6）「イサーン料理教本」、「イサーン料理」に示された「標準東北タイ料理」では、「ラープ」でも、「ソム」を和える際に直接入れるとしている［Phenchit n. d.：10–29；Anonymous 1997］。私自身が、東北部の他地域で見聞きした、あるいは東北部出身者から教わった経験でも、直接入れるのが普通で、ゴンカム村の「ラープ」の調理法は独特である。「ラープ」と「コーイ」の火の通し方の違い、煎り米を入れるかどうかの違いは両方の教科書が認めている。生の「ラープ」、「コーイ」まで考慮し、両者の違いを突き詰めれば、コー・サワットパーニットが言うように、「煎り米を入れるか入れないか」［Ko Sawatphanit 1990：51］ということになる。しかし、これにも例外がある。村人の説明では、タケノコの「コーイ」に煎り米を入れるというのだ。ただ、筆者自身は見ていない。これが本当だとすれば、「ラープ」と「コーイ」を厳密に区別することはできなくなる。

（7）「イサーン料理教本」［Phenchit n. d.］では、「ウ」は鍋を使うためか煮物類に近い扱いをしているが、村人の「「ヌン」とほとんど同じ」という言葉に従いこういうカテゴリーにした。確かに出来上がりは水分をほとんど含まず、蒸し物に近い。

（8）ここで言う、「味覚の好み」は、村人全般に当てはまる大まかな傾向を指し、概ね料理法の特徴に対応する。もっとも、中学から村を離れた寄宿生活を経験した若年層からは、脂っこく甘い料理の嗜好を耳にする。ただし、これが村での食生活を変えるには至ってない。これ以外にも、個人レベルで細かい好き嫌いはある。例えば、ある村人はキノコを食べない。また、特に「生ラープ」を食べない村人は少なくない。

（9）ゴンカム村ではないが、やはり東北部の農村出身者に、子供の頃、たまに買って食べる鯵の干物が、とても贅沢品だった、という話を聞いたことがある。川や水田から新鮮な淡水魚がたくさん得られたにも関わらず、珍しいというだけで海の魚が珍重されたのである。ゴンカム村の村人も、おかず売りの車から鯵を買うことがあるが、ほとんどが生魚である。技術の進歩により、この山奥の村にも海から生魚が届くようになったのである。一方、鯵の干物はほとんど見かけない。海の近くにあるバンコクで、未だに鯵の干物をよく食べるのと対照的である。これも、村人が生の食材を好む一つの証左であろう。

（10）おたまじゃくしは、成長後も、カエルに姿を変えて、食卓に上る。

（11）鉄砲を使うような、「本格的」な狩猟の場所はほとんどが、村の南側（入り口まで約三・五キロメートル）のドンナータームの森である。ドンナータームの森はパーテム国立公園の中核をなす自然林である。

（12）ゴンカム村は、特に発展が遅れ、貧しいとのことで、シリントーン王女の奨学金によって子供たちは無償で中学、高校、そして望めば大学にも行くことが出来る。生徒は村から離れ、寮生活を送りながら通学する。

（13）「軍隊による」といっても、実際に掘るのも、資材を買うのも村人各自である。軍隊が行ったサービスは、資材（ビニールシートなど）を調達して届けることだけだった。

（14）「ネーン」を出させるために、村人達は自然林の下草に火をつけ、それが原因で山火事になることもある。サティアン氏はわざわざ、私に向かって「そうではない」ことを強調したのである。

（15）しかし、タケノコの「ケーン」に貝やカエルを入れた例は、少なくとも筆者の経験の範囲ではなかった。混ぜられるのは植物性のものばかりだった。一方、魚やカエルなど、動物性の食材を主な具材にした「ケーン」には、副具材も含め、時々に得られる、ほとんどあらゆる物が混ぜられていた。ただ、ある「ケーン」にある材料を入れてはならない、という類の禁忌は一切ない。タケノコの「ケーン」は、「ヤーナーン」の葉を用いるため、独特の青臭さがあり、動物性の食材とは相容れないのかもしれない。

（16）動物が消えたことの「ラオスへ逃げた」という説明は、国境から離れた地域でも見られる。ウボンラチャタニ市から程近い村（国境までは一〇〇キロメートル以上ある）のある村人は、そう説明した後、「大型獣は、イサーン（タイ東北部の別称）には、カオヤイ（国立公園）以外にはいなくなってしまった」と付け加えた。

◆むすびにかえて

（1）タイに限らず、地域共同体による共有資源管理の事例のなかでこの条件をすべて満たすものはほとんどないだろう。

（2）実際には、どのような社会秩序を人々が選択するかは、民主主義のルールに従い、市場経済に類似した仕組みによることになるので、矛盾しているようにも見える。ただし、財の取引を行う市場システムと政策の公共選択とは一応、別個の系となっている。両者の性質の違いがここでの議論にどう関係してくるかは、今後、検討すべき課題である。

おわりに

ウボンラチャタニ県で視学官をされていたチュムポン・ネーオチャムパー先生に案内をしていただき、はじめてゴンカム村を訪れたのは一九九七年のことだった。山道をゆっくり車で進み、本当にたどりつけるのだろうかと不安を覚えたころ、前方にぱっと視界が開け、村の入り口の看板が現れた。突然の来訪者を村の人々は快く受け入れてくれた。村長の配慮で、当時、タムボン自治体議会議員だったサティアン氏宅に泊めていただくようになった。そこから本書のすべてが始まった。村の人々は、見知らぬ外国人に対して特別に愛想よくするわけでもなく、心を閉ざして避けるわけでもなく、ごく普通に、素朴に接してくれた。それで、右往左往しながら調査を進めていくわたしのもとめにできる限り応じてくれた。自然も人々も本当に静かな、静かに優しく包み込んでくれるような、そんな村だった。

ゴンカム村で調査を行う前の一九九五年、まだ大学院の修士課程の学生だったころ、実は別の村落で同じような定着調査を行った。本書の中にも少し触れたが、タイの東部にあるカオアンルーナイ野生動物保護区に隣接したシヤット2という村だった。もともとこの地域は、ほとんど無人の広大な森林地帯だった。そこに商業伐採が入り、次いで伐採道路をつたって開拓農民が入り込んだ。多くは遠く東北部から移住してきた人たちだった。一九六〇年代以降のわずか三〇年ほどの間に、森林がほとんどなくなるくらい激しい勢いで森を切り開いた彼らは、凶暴な森林被害者かと思いきや、実はそうでもなかった。私が調査した村は、一九九一年の野生保護区拡張に伴って、まだ森が豊かに残る開拓最前線にいた人たちが保護区の外側に強制的に立ち退かされた、そうしてできた村だった。立ち退き前には、周囲にあった豊かな自然から食べ物を得ていた。インフラなど一切なく不便だった当時の暮らしを懐かしみ、森のなかに戻れるものなら戻りたいというのである。「イサーン（タイ東北部の別称）はいいところだ。人が優しい。ここ［と］は違う。」そういう彼らの口癖だった。いつか、イサーンの、まだ森がたくさんある村で、人々の暮らしぶりを見てみたい、シヤット2の人々の原風景を見てみたい、そういう思いで行き着いたのがゴンカム村だった。

ゴンカム村では、一九九八年から一九九九年にかけてまとまった期間、定着調査を行い、その後、二〇〇〇年から二〇〇二年ごろまで、短期間の訪問を繰り返した。そこで学び得たものは、おもに本書の後半部分で示した通りだ。シヤット2とは全く違う暮らしぶりに目を見張り、同じイサーンの農民のなかにも多様な生き方があることを身を以て学んだのである。しかし、いずれの事例にも共通していること、あるいは両者を通して見えることは、国家の森林政策・自然保護政策の矛盾に満ちた姿だった。村から見た限りでは、無責任で理不尽な話としか思えなかった。ところが、ゴンカム村での調査の傍ら、近隣のナーポークラーン村でコミュニティ林のプロジェクトに従事する森林局員や、国立公園の職員と身近に接する機会があった。等身大の人間としての彼らはごく普通の、どちらかといえば穏やかで良心的な人たちだった。農民も、役人も、それぞれの立場の違いはあれ、そこで生活していこうとしているという当たり前の姿だった。矛盾に満ちた森林政策の直接の元凶としての「悪者」は、どこにもいない。では、どうしてこんなことになったのか。私は、さまざまな部署で森林行政の実務や政策策定に携わった森林局職員やOBに話を聞き、役所の戸棚の奥から埃をかぶったファイルを引っ張り出して順番に見ていった。法律や制度と現場の実務とのギャップが阿吽の呼吸で黙認されている様子や、そもそもそういう柔軟な対処をよしとする社会の姿が、そこから浮かび上がってきた。これはいわば、近代国家のなかにできている、あるいはできつつある、階層、職業、教育といった背景の異なる人々が構成しながらもひとまとまりになった社会と、そこで動いている国レベルから地方レベルを経て村落に至る重層的なメカニズムである。森林を通して、そういう社会を串刺しにして、そこに通底する特徴的な論理を描き出してみたいと思ったわけである。

本書がどうやってできたのか、できごとの連鎖をたどればこのようになる。

ところで、こうやって振り返ってみて改めて痛感するのは、本は一人で書くものではないということである。いまさら言うまでもないことながら、実に多くの人に出会い、助けてもらい、ようやくここまでたどり着けた。本書の文責はすべて私にある。しかし、とくにタイという異国での現地調査を基にした本書の場合、これら多くの人々と一緒につくってきたという感が強い。

本書に直接、関係しただけでも、サティアン家をはじめとするゴンカム村の人々、ウィスット・ユーコーン氏はじめ森林局（当時）の職員の人々、ウボンラチャタニでの「先生」であるチュムポン・ネーオチャムパー先生、バンコクでの「先生」であり身元引受人にもなっていただいた、コミュニティ林業研修センター（Regional Community Forestry Training Center）のソムサック・スクウォン先生、それに、京都大学大学院での指導教官であった古川久雄先生や、京都大学東南アジア研究センター（現研究所）での研究員時代にとくに面倒を見ていただいた山田勇先生、田中耕司先生、白石隆先生、それに多くの同僚や先輩・後輩たち、数え上げればきりがないほどの人々からの学恩がある。また、大学院時代の先生の一人でもあり、現在の勤務先での上司でもある坪内良博先生には、本書の執筆中、常に叱咤激励を賜った。一通り書き終えると、今度は、京都大学学術出版会の鈴木哲也さん、佐伯かおるさんに丁寧に読んでいただき、有益なコメントをいただいた。

それだけではない。あらゆる研究活動や成果公開には、お金が必要である。本書の基になった現地調査には、科研プロジェクト「新プログラム方式による科学研究費補助金：地球環境撹乱下における生物多様性の保全及び生命情報維持管理に関する総合的基礎研究」に加え、富士ゼロックス小林節太郎記念基金小林フェローシップ、日本財団アジア・フェローシップからも助成をいただいた。また、本書の出版に当たっては、甲南女子大学学術研究及び教育振興奨励基金からの助成をいただいた。

こうして、本書は陽の目を見ることになった。これらすべての方々に、心から謝意を表したい。

さて、本書はもっぱらタイについての議論に終始したが、本当はその先に広がる国際社会がある。国際社会のレベルで何がどのように動いていて、それが、東南アジアという地域、タイという国レベルでの社会、さらには村落社会とどのように連動しているのか、森と人の関係を切り口にその全体像を自らの手につかみ取ってみたい。これからの大きな課題である。また、もっともっと多くの人々に助けられ、右往左往しながら進んでゆくのであろう。できることなら、彼らとともに手をたずさえて、わたしたちの地域の、わたしたちの森、わたしたちの社会、それらがどうあるべきか、考えを出し合いながら。

二〇〇七年一一月

藤田　渡

佐藤　仁. 2002.『稀少資源のポリティクス――タイ農村にみる開発と環境のはざま』東京大学出版会.
重冨 真一. 1997.「『タイ料理』の形成――伝統の変質と継承」吉田忠ほか『食生活の表層と底流――東アジアの体験から』東京：農産漁村文化協会.
島田 周平. 1998.「ナイジェリア農業研究の新しい地平――ポリティカル・エコロジー論の可能性をめぐって」池野旬編『アフリカ農村変容とそのアクター』東京：アジア経済研究所.
末廣　昭. 1993.『タイ――開発と民主主義』東京：岩波書店.
高谷 好一，友杉　孝. 1972.「東北タイの“丘陵上の水田”――特に，その“産米林”の存在について」『東南アジア研究』10巻1号.
田坂 敏雄. 1991.『熱帯林破壊と貧困化の経済学――タイ資本主義化の地域問題』東京：お茶の水書房.
田辺 繁治. 1978.「ランナータイ農村における環境認識――生活空間と守護霊儀式をめぐって」石毛直道編『環境と文化――人類学的考察』東京：日本放送出版協会.
中田 義昭. 1995.「余剰米と出稼ぎ――タイ東北部ヤソートン県の1村を対象として」『東南アジア研究』32巻4号.
畠山 武道. 1992.『アメリカの環境保護法』札幌：北海道大学図書刊行会.
林　行夫. 1993.「森林の変容と生成――東北タイにおける宗教表象の社会史試論」佐々木 高明編『農耕の技術と文化』東京：集英社.
林　行夫. 1996.「ラオ人社会をめぐる民族・国家・地域」『東南アジア大陸部における民族間関係と「地域」の生成』(「総合的地域研究」成果報告書シリーズ：No. 26).
林　行夫. 1997.「もう一つの「森」――ラオ人とモン＝クメール系諸語族の森林観から」『東南アジア研究』35巻2号.
福井 捷朗. 1988.『ドンデーン村――東北タイの農業生態』東京：創文社.
水野 浩一. 1981.『タイ農村の社会組織』東京：創文社.
村嶋 英治. 1980.「70年代におけるタイ農民運動の展開――タイ農民の政治関与と政治構造」『アジア経済』21巻2号.

森林局. 1997. *Forestry Statistics of Thailand 1997*.

森林局. 1999. *Forestry Statistics of Thailand 1999*.

森林局. 2000. *Banchi Rai Chue Pa Sanguan Haeng Chat*［国家保全林リスト］.

森林局. 2002a. *Forestry Statistics of Thailand 2002*.

森林局. 2002b. *Khwam Pen Ma Kiao Kap Rang Phrarachabanyat Pa Chumchon Pho. So...*［コミュニティ林法案に関する経緯］(http : //www.forest.go.th/plant_forest/index.html タイ森林局 HP).

森林局. n.d. *Pa Roito 5 Changwat Phak Tawan'ok*［東部5県に連なる森林］.

森林局.「年次報告書」(Raingan Pracham Pi Sadaeng Kitchakan Pamai Khong Krom Pamai (1971年まで), Raingan Pracham Pi Krom Pamai (1972年以降)).

タイ国立統計局 (samnak ngan sathiti haeng chat). 2000. *Statistical Reports of Region : Northeastern Region 2000*.

ソロー, ヘンリー D. 1991.『森の生活』佐渡谷重信訳. 東京：講談社. (原著：Thoreau, Henry David. 1854. *Walden, or Life in the Woods*.)

チャティップ・ナートスパー. 1993.「タイにおける共同体文化論の潮流」『国立民族学博物館研究報告』17巻3号.

ハリス, マーヴィン. 1988.『食と文化の謎』板橋作美訳. 東京：岩波書店. (原著：Harris, Marvin. 1985. *Good to Eat : Riddles of Food and Culture*. New York : Simon & Schuster.)

バロー, ジャック. 1997.『食の文化史――生態―民族学的素描』山内昶訳. 東京：筑摩書房. (原著：Barrau, Jacques. 1983. *Les Hommes et leurs aliments ; Esquisse d'une historie ecologique et ethnologique de l'alimentation humaine*. Temps Actuels.)

マコーミック, ジョン. 1995.「環境主義のルーツ」鈴木昭彦訳. 小原秀雄監修『環境思想の出現』(環境思想の系譜 1). 東京：東海大学出版会.

石毛 直道, ケネス・ラドル. 1990.『魚醤とナレズシの研究――モンスーン・アジアの食事文化』東京：岩波書店.

岩田 慶治. 1995.「草木虫魚の人類学」『草木虫魚のたましい――カミの誕生するとき・ところ』(岩田慶治著作集 2). 東京：講談社.

北原　淳. 1996.『共同体の思想――村落開発理論の比較社会学』京都：世界思想社.

北原　淳. 1990.「開拓社会の成立」坪内良博編『東南アジアの社会』(講座東南アジア学 3). 東京：弘文堂.

鬼頭 秀一. 1996.『自然保護を問いなおす――環境倫理とネットワーク』東京：筑摩書房.

tural Survival, edited by Stevens, Stan. Washington : Island Press.

Stott, Philip. 1991. Mu'ang and Pa : Elite View of Nature in a Changing Thailand. In *Thai Constructions of Knowledge*, edited by Chitakasem, Manas and Turton, Andrew. London : School of Oriental and African Studies, University of London.

Subhadhira, Sukaesinee et al. 1987. *Case Study of Human-forest Interactions in Northeast Thailand*. Northeast Thailand Upland Social Forestry Project.

Trankell, Ing-Britt. 1995. *Cooking, Care, and Domestication : A Culinary Ethnography of the Tai Yong, Northern Thailand*. Uppsala : Acta Universitatis Upsaliensis.

Yos Santasombat. 2003. Biodiversity : *Local Knowledge and Sustainable Development*. Chiang Mai : Regional Center for Social Science and Sustainable Development, Faculty of Social Sciences, Chiang Mai University.

Vandergeest, Peter. 1996 a. Mapping Nature : Territorialization of Forest Rights in Thailand. *Society and Natural Resources* 9.

Vandergeest, Peter. 1996 b. Property Rights in Protected Areas : Obstacles to Community Involvement as a Solution in Thailand. *Environmental Conservation* 23–3.

国家経済開発委員会事務所（samnakngan sapha phathana sethakit haeng chat）. 1961. *Phean Phatana Sethakit Haeng Chat*［National Economic Development Plan］.

森林局（タイ王立森林局：krom pamai）. 1968. *Prawat Krom Pamai : Thi Raluek Khlai Wan Sathapana Khrop 72 Pi*［森林局の歴史：72周年記念本］.

森林局. 1976 a. *Thi Raluek Wan Sathapana Krom Pamai Khrop Rop 80 Pi*［森林局80周年記念本］.

森林局. 1976 b. *Thabian Sathiti Chamnuan Pa Khrongkan Praphet Tangtang Nai Thong Thi Thua Prathet Thai*［タイ全国各種プロジェクト林統計簿］.

森林局. 1978. *Thabian Rai Chue Pa Khrongkan : Phak Tawan Ok Chiang Nuea*［東北部プロジェクト林リスト］.

森林局. 1980. *Thi Raluek Khrop Rop 84 Pi Khong Kan Sathapana Krom Pamai Krasuang Kaset Lae Sahakon 18 Kanyayon 2523*［農業協同組合省森林局84年記念本］.

森林局. 1981. *Kham Phiphaksa Dika Phrarachabanyat Pamai Lae Pa Sanguan Haeng Chat Pi Pho. So. 2522–2524*［森林法・国家保全林法に関する最高裁判所判例1979–1981］.

森林局. 1982. *Neao Thang Kan Patibat Ngan Khrongkan Chuailuea Rasadon Hai Mi Sithi Tham Kin*［耕作権付与プロジェクト実施方法］.

森林局. 1992. *Kan Chamnaek Khet Kan Chai Prayot Saphayakon Lae Thidin Pa Mai Nai Phuen Thi Pa Sanguan Naeng Chat*［国家保全林内の土地と資源の利用のゾーニング］(タイ語).

森林局. 1996. *100 Pi Krom Pamai*［森林局100年］.

forest and other ecosystem products of Phu Wiang, Northeast Thailand. In *Ecosystem Interaction in a Rural Landscape : the Case of Phu Wiang Watershed, Northeast Thailand* (A Research Study of the Southeast Asian Universities Agroecosystem Network), pp. 129–148. Khon Kaen : Khon Kaen University.

Peluso, Nancy Lee. 1992. *Rich Forests, Poor People : Resource Control and Resistence in Java*. Berkeley : University of California Press.

Phenchit Yoshida. n. d. *Tamrap Ahan Isan* [イサーン料理教本]. Krungthep : Borisat En. Bi. Si. Kanphim.

Pinkaew Luangaramsi. 1998. Reconstructing Nature : The Community Forest Movement and its Challenge to Forest Management in Thailand. In *Community Forestry at a Crossroads : Reflection and Future Direction in the Development of Community Forestry*, edited by Victor, Michael et al. Bangkok : Regional Community Forestry Training Center.

Praphat Pintoptaeng. 1998. *Kan Mueang Bon Thong Thanon : 99 Wan Samacha Khon Chon* [路上の政治：貧民連合の99日]. Bangkok : Sun Wichai Lae Pholit Tamra, Mahawithiyalai Kroek.

Prawese Wasi. 1998. Community Forestry : The Great Integrative Force. In *Community Forestry at a Crossroads : Reflection and Future Directions in the Development of Community Forestry*, Proceedings of an International Seminar, held in Bangkok, Thailand, 17–19 July, 1997, edited by Victor, M. et al.

Quinn, Rapin. 1997. Competition over Resources and Local Environment : The Role of Thai NGOs. In *Seeing Forests for Trees : Environment and Environmentalism in Thailand*, edited by Hirsch, Philip. Chiang Mai : Silkworm Books.

Ross, Michael L. 2001. *Timber Booms and Institutional Breakdown in Southeast Asia*. Cambridge : Cambridge University Press.

Sayer, Jeffrey. 1991. *Rainforest Buffer Zones : Guidelines for Protected Area Managers*. IUCN.

Sharp, Lauriston and Hanks, Lucien M. 1978. *Bang Chan : Social History of a Rural Community in Thailand*. Ithaca : Cornell University Press.

Somnasang, Prapimporn et al. 1986. *Natural Food Resources in Northeast Thailand* (タイ語). Khon Kaen : Khon Kaen University.

Stevens, Stan ed. 1997. *Conservation through Cultural Survival*, edited by Stevens, Stan. Washington : Island Press.

Stevens, Stan. 1997a. The Legacy of Yellowstone. In *Conservation through Cultural Survival*, edited by Stevens, Stan. Washington : Island Press.

Stevens, Stan. 1997b. Indigenous People and Protected Areas. In *Conservation through Cul-*

Dearden, Philip et al. 1996. National Parks and Hill Tribes in Northern Thailand : A Case Study of Doi Inthanon. *Society and Natural Resources* 9.

Fujita Wataru. 2002. “Community Forest” and Thai Rural Society. In *Kyoto Review of Southeast Asia* Issue 2. (http : //kyotoreview.cseas.kyoto-u.ac.jp/issue/issue1/index.html)

Gilmour, D. A. 1995. Conservation and Development : Seeking the Linkages. In *Community Development and Conservation of Forest Biodiversity through Community Forestry*, edited by Wood, Henry ; McDaniel, Melissa ; and Warner, Katherine. Bangkok : RECOFTC.

Hirsch, Philip. 1990. *Development Dilemmas in Rural Thailand*. Singapore : Oxford University Press.

Hirsch, Philip. 1993. *Political Economy of Environment in Thailand*. Manila : Journal of Contemporary Asia Publishers.

Ingold, Tim. 1987. *The Appropriation of Nature : Essays on Human Ecology and Social Relations*. Iowa City : University of Iowa Press.

Kamon Pragtong and Thomas, David E. 1990. Evolving Management System in Thailand. In *Keepers of the Forest : Land Management Alternatives in Southeast Asia*, edited by Mark Poffenberger. West Hartford : Kumarian Press.

Keyes, Charles F. 1976. In Search of Land : Village Formation in the Central Chi Valley, Northeastern Thailand. Contribution to *Asian Stusies* 9.

Ko Sawatphanit. 1990. *Isan Muea Wanwan* [過ぎし日のイサーン]. Krunthep : Samnakphim Borisat Phi Wathin Phaplikhechan Chankat.

Lert Chuntanaparb and Wood, Henry. 1986. *Management of Degraded Forest Land in Thailand*. Bangkok : Kasetsart University.

Levi-Strauss, Claude. 1994. *The Raw and the Cooked : Introduction to a science of mythology*. London : Pimlico. (原著：Lévi-Strauss, Claude. 1964. *Le Cru et le cuit*. Librarie Plon.)

McCay, Bonnie J. and Acheson, James M. eds. 1987. *Question of the Commons : The Culture and Ecology of Communal Resources*. Tucson : University of Arizona Press.

Mom Chao Suepsuksawat Suksawat. 1976. Khwam Songcham Khong Adit Athibodi Krom Pamai [元森林局長の回想]. In [森林局 1976a].

Ostrom, Elinor. 1990. *Governing the Commons : The Evolution of Institutions for Collective Action*. Cambridge University Press.

Pasuk Phongpaichit. 1994. The Army Redistribution Programme in Forest Reserves : Case Study of Active Exclusion of Poor Villagers in Northeast Thailand. *Thai Development Newsletter* No. 26 : 33–42.

Pei, Shaengji. 1987. Human Interaction with Natural Ecosystems : the flow and use of minor

森林保護・保全法第2版（1953年）(Phrarachabanyat Khumkhrong Lae Sanguan Pa（Chabap Thi 2）Pho. So. 2496). In Prachum Kotmai Pracham Sok Vol. 66−1, edited by Sathian Wichailak et al.
森林保護・保全法第3版（1954年）(Phrarachabanyat Khumkhrong Lae Sanguan Pa（Chabap Thi 3）Pho. So. 2497). In Rachakitchanubeksa（Chabap Krisadika）Vol. 71−64（12 October 1947).
森林法（1941年）(Phrarachabanyat Pamai Pho. So. 2484). In Prachum Kotmai Pracham Sok Vol. 54−1, edited by Sathian Wichailak et al.
国家保全林法（1964年）(Phrarachabanyat Pa Sanguan Haeng Chat Pho. So. 2507). In Rachakitchanubeksa（Chabap Krisadika）Vol. 81−38（28 April 1964).
統治憲章（1977年）(Thammanun Kan Pokkhrong Rachaanachak Pho. So. 2520). In Rachakitchanubeksa（Chabap Krisadika）Vol. 94−111（9 November 1977).
閣議決定（mati khana ratamontri）1997年4月17日（http://www.thaigov.go.th：タイ政府HP).

公刊資料

Anan Ganjanapan. 1997. The Politics of Environment in Northern Thailand: Ethnicity and Highland Development Programs. In *Seeing Forests for Trees: Environment and Environmentalism in Thailand*, edited by Hirsch, Philip. Chiang Mai: Silkworm Books.
Anan Ganjanapan. 1998. From Local Custom to the Formation of Community Rights: A Case Study of Community Forestry Struggle in Northern Thailand. In *Proceedings of the Symposium: Human Flow and Creation of New Cultures in Southeast Asia*. Bangkok: Institute for the Study of Languages and Culture of Asia and Africa.
Anan Ganjanapan. 2000. *Local Control of Land and Forest: Cultural Dimensions of Resource Management in Northern Thailand*. Chiang Mai: Regional Center for Social Science and Sustainable Development, Faculty of Social Sciences, Chiang Mai University.
Anonymous. 1997. *Ahan Phak Isan*［イサーン料理］. Krungthep: Borisat Ton'or Grammy.
Atlan, Scott. 1990. *Cognitive Foundations of Natural History: Towards an Anthropology of Science*. Cambridge: Cambridge University Press.
Bangkok Post 1997 April 20; 2007 April 10; 2007 November 22.
Chaloem Siriwan. 1976. Pamai Cha Yu Rot Rue?［森林は生き残れるのか？］In［森林局 1976a］.
Chazée, Laurent. 1999. *The People of Laos: Rural and Ethnic Diversities*. Bangkok: White Lotus.

引用文献

未公刊資料

①スリン県文書 so. ro. 09/6301「国家保全林内でのいくつかの種類の木材・林産物採取の許可申請の不要化について」1972年5月19日.

②ウボンラチャタニ県林業会社文書 8/2516「ウボンラチャタニ県内雑木プロジェクト林での伐採コンセッション申請」1973年2月22日.

③ウボンラチャタニ地域森林事務所コンセッション関連資料・メモ 'Khomun Khong Pa Sampathan Nai Thong Thi Samnakngan Pamai Khet Ubon Ratchathani'［ウボンラチャタニ地域森林事務所管内のコンセッション林］1988年.

④ウボンラチャタニ地域森林事務所コンセッション関連資料・メモ 'Kan Tham Mai Thi Dai Damnoen Kan Yu Nai Pachuban (2531)'［1988年における伐採の現況］1988年.

⑤農業協同組合省文書 ko so 0705/6951「ウボンラチャタニ県プロジェクト林改善ににについて」1973年5月4日.

⑥農業協同組合省文書 ko so 0705 (OB)/1209「ウボンラチャタニ県プロジェクト林改善について」1973年6月28日.

⑦地図：'Phaenthi Sadaeng Khopkhet Pa Sampathan Lae Boriwen Thi Cha Pen Damnoen Kan Tham Mai Nai Thong Thi Samnakngan Pamai Khet Ubon Ratchathani'［ウボンラチャタニ地域森林事務所管内の伐採コンセッションの境界とその管理の地図］

⑧内閣書記局文書 no ro. 1205/8113「林地内の土地問題の解決［Kan Kaekhai Phanha Thidin Nai Phuen Thi Pamai］」2541年7月10日.

法令等

森林保護法（1913年）(Phrarachabanyat Raksa Pa Pho. So. 2456). In Prachum Kotmai Thai Phak 6, edited by Pridi Phanomyong. Bangkok : Rongphim Nitisan.

森林保護・保全法（1938年）(Phrarachabanyat Khumkhrong Lae Sanguan Pa Pho. So. 2481). In Prachum Kotmai Pracham Sok Vol. 52-1, edited by Sathian Lailak et al.

森林保護・保全法（1938年）附帯農業省令（Kot Krasuang Kasetrathikan Ok Tam Khwam Nai Phrarachabanyat Khumkhrong Lae Sanguan Pa). In Prachum Kotmai Pracham Sok Vol. 52-1, edited by Sathian Lailak et al.

◆マ行

◆ヤ行

◆ラ行

◆数字・欧字

2　法律・法令等

索　引

項目は、1事項、2法律・法令等、に区分した。
本文の表記によらず、内容によってとったものもある。

1　事　項

著者紹介

藤 田　渡（ふじた・わたる）

京都大学大学院人間・環境学研究科博士課程修了.

京都大学東南アジア研究センター（現研究所）非常勤研究員，国立民族学博物館外来研究員，総合地球環境学研究所非常勤研究員を経て，現在，甲南女子大学講師.

専門は，文化人類学・政治生態学の手法を用いた東南アジア地域研究.

その地域の文化や社会の特徴と調和した自然環境保全の可能性を考えてきた．1995年以来，タイを研究対象にしてきたが，近年は，ボルネオ／カリマンタンにも足を伸ばし，比較研究を通じ，東南アジア世界を俯瞰する広い視野を模索している.

森を使い，森を守る―タイの森林保護政策と人々の暮らし

2008年3月10日　初版第一刷発行

著　者　藤　田　　渡

発行者　加　藤　重　樹

発行所　京都大学学術出版会

606-8305　京都市左京区吉田河原町15-9京大会館内

電話075(761)6182　FAX075(761)6190

URL　http://www.kyoto-up.or.jp/

印刷所　亜細亜印刷 株式会社

定価はカバーに表示してあります

ISBN978-4-87698-737-5　C3036